● 電気・電子工学ライブラリ ●
UKE-A4

基礎
電気電子計測

信太克規

数理工学社

編者のことば

電気磁気学を基礎とする電気電子工学は，環境・エネルギーや通信情報分野など社会のインフラを構築し社会システムの高機能化を進める重要な基盤技術の一つである．また，日々伝えられる再生可能エネルギーや新素材の開発，新しいインターネット通信方式の考案など，今まで電気電子技術が適用できなかった応用分野を開拓し境界領域を拡大し続けて，社会システムの再構築を促進し一般の多くの人々の利用を飛躍的に拡大させている．

このようにダイナミックに発展を遂げている電気電子技術の基礎的内容を整理して体系化し，科学技術の分野で一般社会に貢献をしたいと思っている多くの大学・高専の学生諸君や若い研究者・技術者に伝えることも科学技術を継続的に発展させるためには必要であると思う．

本ライブラリは，日々進化し高度化する電気電子技術の基礎となる重要な学術を整理して体系化し，それぞれの分野をより深くさらに学ぶための基本となる内容を精査して取り上げた教科書を集大成したものである．

本ライブラリ編集の基本方針は，以下のとおりである．
1) 今後の電気電子工学教育のニーズに合った使い易く分かり易い教科書．
2) 最新の知見の流れを取り入れ，創造性教育などにも配慮した電気電子工学基礎領域全般に亘る斬新な書目群．
3) 内容的には大学・高専の学生と若い研究者・技術者を読者として想定．
4) 例題を出来るだけ多用し読者の理解を助け，実践的な応用力の涵養を促進．

本ライブラリの書目群は，I 基礎・共通，II 物性・新素材，III 信号処理・通信，IV エネルギー・制御，から構成されている．

書目群Iの基礎・共通は9書目である．電気・電子通信系技術の基礎と共通書目を取り上げた．

書目群IIの物性・新素材は7書目である．この書目群は，誘電体・半導体・磁性体のそれぞれの電気磁気的性質の基礎から説きおこし半導体物性や半導体デバイスを中心に書目を配置している．

書目群IIIの信号処理・通信は5書目である．この書目群では信号処理の基本から信号伝送，信号通信ネットワーク，応用分野が拡大する電磁波，および

電気電子工学の医療技術への応用などを取り上げた．

　書目群IVのエネルギー・制御は10書目である．電気エネルギーの発生，輸送・伝送，伝達・変換，処理や利用技術とこのシステムの制御などである．

　「電気文明の時代」の20世紀に引き続き，今世紀も環境・エネルギーと情報通信分野など社会インフラシステムの再構築と先端技術の開発を支える分野で，社会に貢献し活躍を望む若い方々の座右の書群になることを希望したい．

　　2011年9月

編者　松瀬貢規　湯本雅恵
西方正司　井家上哲史

「電気・電子工学ライブラリ」書目一覧

書目群I（基礎・共通）
1. 電気電子基礎数学
2. 電気磁気学の基礎
3. 電気回路
4. 基礎電気電子計測
5. 応用電気電子計測
6. アナログ電子回路の基礎
7. ディジタル電子回路
8. ハードウェア記述言語によるディジタル回路設計の基礎
9. コンピュータ工学

書目群II（物性・新素材）
1. 電気電子材料工学
2. 半導体物性
3. 半導体デバイス
4. 集積回路工学
5. 光工学入門
6. 高電界工学
7. 電気電子化学

書目群III（信号処理・通信）
1. 信号処理の基礎
2. 情報通信工学
3. 無線とネットワークの基礎
4. 基礎 電磁波工学
5. 生体電子工学

書目群IV（エネルギー・制御）
1. 環境とエネルギー
2. 電力発生工学
3. 電力システム工学の基礎
4. 超電導・応用
5. 基礎制御工学
6. システム解析
7. 電気機器学
8. パワーエレクトロニクス
9. アクチュエータ工学
10. ロボット工学

別巻1　演習と応用 電気磁気学
別巻2　演習と応用 電気回路
別巻3　演習と応用 基礎制御工学

まえがき

「計測なくして科学なし」

この言葉は「科学技術の進歩発展には計測が不可欠」という意味である．様々な現象や状況を普遍的な情報として広く一般に提示するために「計測」という手段が用いられる．計測とは国際的に認知されたルールに従い，知りたい現象や状況を数量的に努めて正確に表現することである．この計測という手段を介して，全ての人々がある事柄に対して共通の理解と認識を得ることができる．

本書「基礎電気電子計測」では，最初の1章から3章で「計測にかかわる基本的事柄」についてわかりやすく説明する．それは，知りたい情報の共通理解を得るために必要な計測の基本ルールである．4章と5章はこれまでの様々な電気電子計測器の変遷と現状について紹介する．6章からは，電圧，電流，抵抗，インピーダンス，電力などの様々な電気量，電気量と深い関係にある磁気量，量の情報と同様に重要な波形情報の具体的な計測手法について紹介する．最後の13章で，計測にとって最大の障害となる雑音とその除去法について説明している．各章に点在するコラムや巻末の付録もサプリメントのように有益であることを願っている．

電気電子計測を学ぶことは，単にこれらの電気量の計測の方法について知るということにとどまらず，今や，広範な科学技術あるいは産業分野のあらゆる種類の量の計測に不可欠なこととなっている．なぜなら，現代の多様な分野における，ほとんどの計測は結局，電気的な情報として処理され，計測することによって得られるからである．

本書は13章から構成され，毎授業に各章をひとつずつ終えることにより，学年の半期で完結するようにできている．さらに，学んだ内容に対する読者の理解を確認するために，その章に関連する簡単な演習問題を各章毎に用意した．読者は実際に演習問題を解くことによって，各章の内容を自分のものとすることが期待されている．

本書を最後まで学んだときには電気電子計測の基本的な内容が把握され，近

まえがき

い将来に読者が関係するであろう様々な分野の仕事において，その知識が大いに役に立つことを願っている．

わが国では明治初期から本格的に電気という技術が広まるにつれて，電気計測の考え方が広く認識され，その後のわが国のエレクトロニクスの飛躍的な進展に寄与した．今日では電気電子計測という呼称で，科学技術の進歩，研究開発の推進，産業の発展に深くかかわっている．また，計測という概念は，日本国内のみならず，貿易などの国際的なつながりと密接に関係することから，常に新しい，かつグローバルな見地での対応が求められる．

それゆえ，筆者のこれまでの40年間の電気精密計測および知能電子計測の研究教育の経験を踏まえて，本書「基礎電気電子計測」では，電気計測の歴史的な経緯の中に含まれる計測の根幹にかかわる部分は残しつつ，一方で，現状に合わせた，最新の計測技術を積極的に紹介する．

このような本書のスタイルはこれまで出版されている電気電子計測の教科書の内容と若干色合いが異なる部分もあるかもしれない．しかし，広範な電気電子計測の内容の中から，枝葉末節な知識や極端な専門分野の詳述を避け，最低知っておかなければならない部分のみをバランスよく，わかりやすく説明するように努めた．本書が読者にとって実務的に有益な，電気電子計測の学びの一助となることを願っている．

2012年7月

信太 克規

目　　次

第1章

計測についての基礎知識　　1
　1.1　計測と測定の違い　　2
　1.2　電気電子計測とは　　3
　1.3　測定とは比較すること　　4
　1.4　計測方法の種類　　6
　1.5　測定結果の表現法　　8
　1.6　計測の社会的役割　　9
　1章の問題　　10

第2章

測定データの統計的処理　　11
　2.1　測定の質　　12
　2.2　標準偏差　　14
　2.3　誤差――従来からの測定結果の評価の表現　　16
　2.4　不確かさ――新しい測定結果の評価の表現　　18
　2.5　最確値の導出法　　20
　2章の問題　　22

第 3 章

単位と標準　23

- 3.1　単位と標準の必要性 ………………………………… 24
- 3.2　SI（国際単位系）とその基本単位 ………………… 26
- 3.3　電気標準の定義 ………………………………………… 28
- 3.4　電気標準の仕組み ……………………………………… 29
- 3.5　量子電気標準 …………………………………………… 30
- 3.6　標準維持とトレーサビリティ ………………………… 31
- 3 章の問題 …………………………………………………… 32

第 4 章

電気計測器の変遷 ——指示計器からアナログ計測器——　33

- 4.1　電気計測器の歴史 ……………………………………… 34
- 4.2　指示計器の種類と特徴 ………………………………… 35
- 4.3　主な指示計器の仕組み ………………………………… 36
- 4.4　各種電気量測定のための組合せ ……………………… 38
- 4.5　アナログ電子計測器 …………………………………… 40
- 4 章の問題 …………………………………………………… 42

第 5 章

ディジタル計測器　43

- 5.1　アナログとディジタルの違い ………………………… 44
- 5.2　ディジタルマルチメータの仕組み …………………… 45
- 5.3　アナログ–ディジタル（A/D）変換の原理 ………… 46
- 5.4　ディジタル–アナログ（D/A）変換の原理 ………… 50
- 5 章の問題 …………………………………………………… 54

第6章

電圧・電流測定 I ——通常の大きさの測定—— 55
- 6.1 電圧・電流の測定範囲 —— 大きさと周波数 · · · · · · · · · · 56
- 6.2 電圧および電流の測定原理 · 58
- 6.3 通常の大きさの電圧測定法 · 60
- 6.4 通常の大きさの電流測定法 · 62
- 6 章の問題 · 64

第7章

電圧・電流測定 II ——特殊な大きさの測定—— 65
- 7.1 高電圧測定法 · 66
- 7.2 大電流測定法 · 68
- 7.3 微小電圧・電流測定法 · 72
- 7.4 その他の特殊な電圧・電流の測定法 · · · · · · · · · · · · · · · 75
- 7 章の問題 · 76

第8章

抵 抗 測 定 77
- 8.1 抵抗とは何か · 78
- 8.2 通常の大きさの抵抗測定法 · 79
- 8.3 高抵抗測定法 · 80
- 8.4 低抵抗測定法 · 82
- 8.5 その他の特殊な抵抗測定法 · 84
- 8 章の問題 · 86

第 9 章

インピーダンス測定　　　　　　　　　87

- 9.1　インピーダンスとは何か ･････････････････････････ 88
- 9.2　交流抵抗について ･････････････････････････････ 89
- 9.3　LCR メータの測定原理 ･･･････････････････････ 90
- 9.4　LCR メータと試料の接続方法 ･･･････････････････ 92
- 9.5　その他のインピーダンス測定法 ･････････････････ 94
- 9 章の問題 ･････････････････････････････････････ 96

第 10 章

電 力 測 定　　　　　　　　　　　　　97

- 10.1　電 力 と は ････････････････････････････････ 98
- 10.2　直流電力測定法 ･･････････････････････････ 100
- 10.3　単相交流電力測定法 ･･････････････････････ 102
- 10.4　多相交流電力測定法 ･･････････････････････ 104
- 10.5　高周波・マイクロ波電力測定法 ････････････････ 106
- 10.6　電力量の測定法 ･･････････････････････････ 107
- 10 章の問題 ････････････････････････････････ 108

第 11 章

磁 気 測 定　　　　　　　　　　　　109

- 11.1　磁気の種類と単位および磁気測定の分類 ･････････ 110
- 11.2　空間の磁界の強さ・磁束密度の測定法 ････････････ 111
- 11.3　SQUID と超微弱磁気測定 ･･･････････････････ 113
- 11.4　磁性材料の磁気特性の測定 ･･･････････････････ 114
- 11.5　鉄損の測定 ････････････････････････････････ 116
- 11 章の問題 ････････････････････････････････ 118

第 12 章

波形測定　119

- 12.1 波形測定の目的と波形測定法の種類 120
- 12.2 アナログオシロスコープ 121
- 12.3 ディジタルオシロスコープ 123
- 12.4 特殊なオシロスコープ 126
- 12.5 その他の波形測定器 127
- 12 章の問題 128

第 13 章

測定を妨害するものとその対策　129

- 13.1 計測を妨げるもの——雑音の種類と表現 130
- 13.2 熱雑音の定量的な評価 131
- 13.3 SN 比と雑音定数 F 132
- 13.4 種々の外乱を除く対策 134
- 13 章の問題 138

付　録

- 付録 A 母集団における正規分布曲線 139
- 付録 B SI 基本単位の定義 140
- 付録 C 量子電気標準（ジョセフソン電圧標準と量子ホール抵抗標準） 141

問題解答　143

参考文献　154

索　引　155

目　　次

コラム

- 「はかる」を使い分ける ……………………………………………… 5
- 東京スカイツリーは語る ……………………………………………… 13
- えっ，今日の気温は 100 度！ ………………………………………… 25
- 米粒真空管とトランジスタ …………………………………………… 41
- アナログとディジタルの融合——ハイブリッド！ ………………… 53
- 百年前には「おいおい」？ …………………………………………… 63
- 電池作りも命がけ？ …………………………………………………… 74
- 水銀パイプの怪 ………………………………………………………… 83
- 耳は最高の零検出器？ ………………………………………………… 95
- わが国の電力事情——東日本と西日本の周波数が違うのはなぜ？ ………… 105
- ガウスの誘惑 …………………………………………………………… 112
- 遠い昔のアナログオシロの悩み ……………………………………… 124
- 信号と雑音のはざま …………………………………………………… 137

電気用図記号について

本書の回路図は，JIS C 0617 の電気用図記号の表記（表中列）にしたがって作成したが，実際の作業現場や論文などでは従来の表記（表右列）を用いる場合も多い．参考までによく使用される記号の対応を以下の表に示す．

	新JIS記号（C 0617）	旧JIS記号（C 0301）
電気抵抗，抵抗器		
スイッチ		
半導体 （ダイオード）		
接地 （アース）		
インダクタンス，コイル		
電源		
ランプ		

第1章
計測についての基礎知識

　この最初の章では，計測についての基礎的な知識，たとえば，計測と測定の違い，電気電子計測とは何か，計測で実際に行う作業内容，計測方法の種類，あるいは，実は計測は測定値が得られるだけでは不十分であること，すなわち，計測の質などについて学ぶことにより，計測の心得を習得する．

■ 1章で学ぶ概念・キーワード
- 計測と測定の違い
- 電気電子計測とは
- 測定とは比較すること
- 計測方法の種類
- 測定結果の表現法
- 計測の社会的役割

1.1　計測と測定の違い

一般に**計測**（instrumentation, measurement）と**測定**（measurement）という言葉を同じように使うことが多いが，厳密にいうと，図1.1に示すように，計測は測定を含む，より広い範囲の意味を持っている．

測定は測定器などを用いて定量的に値を求め，数値として表す単純な作業をいう．たとえば，テスターで電池の電圧を計り，1.5 V という数値の測定結果を得ることである．

一方，計測は単に測定値を求めるだけでなく，得られた値を用いて，その置かれている状態を評価したり，その次の作業ステップに反映させようとする意図をもって測定することである．たとえば，テスターで電池の電圧を計り，1.5 V という数値の測定結果を得た場合，その大きさの良否を判断したり，その出力値を制御装置につないで用いることなどシステム的な要素を持つ．

近年は計測システムという言葉が広く用いられるように，測定結果を一連のシステムの中で機能的に用いる手法が一般的である．

計測や測定に近い語彙として，**計量**（measurement），**計装**（instrumentation），**測量**（surveying）という言葉がある．どれも計測や測定と類似の内容を含んでいるが，計量は特に数量的な結果を強く意識して用い，計装は計測結果を制御に用いるなど計測制御システム全体の計測管理を意識した場合，測量は特に土地の広さや高さなど機器による地表の諸量測定で用いる．

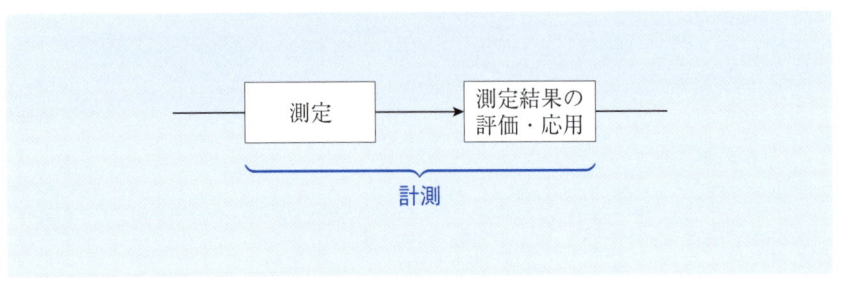

図1.1　計測と測定の関係

1.2 電気電子計測とは

電気電子計測には図1.2に示すように大きく2つの意味がある．ひとつは電圧などの電気諸量あるいは磁気などの電気に関連する量を計ることであり，もうひとつは様々な現象・情報を電気電子機器を用いて計測することである．本書では主に電気諸量あるいは周辺の量の計測について記述している．

様々な現象を電気電子機器を用いて計測することについては姉妹教科書の「応用電気電子計測」で述べられる．

歴史的にいうと，電気諸量の計測なので，はじめは電気計測といわれていたが，その後の電子工学の発展により，電子機器を用いた計測という意味で電子計測という表現が使われるようになった．本書では現在広く用いられている，双方の意味を含む電気電子計測という表現を用いる．図1.3にその時間的経緯を示す．

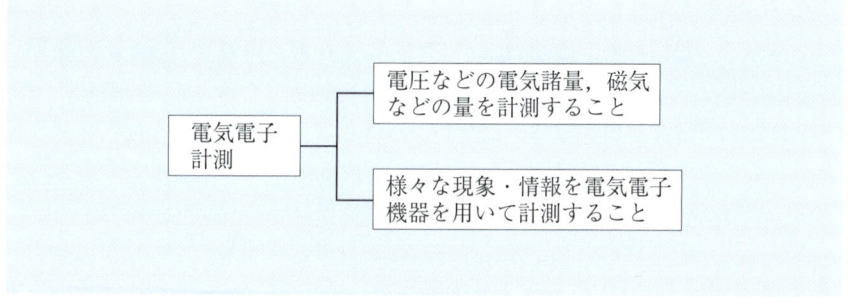

図1.2　電気電子計測とは

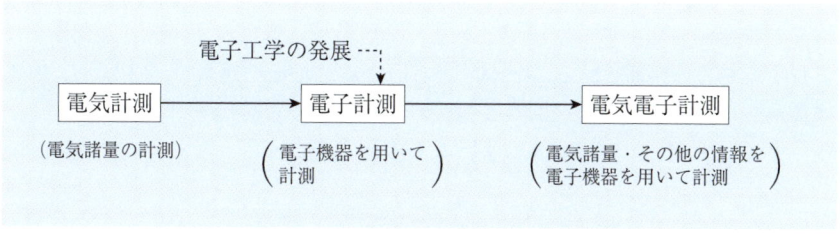

図1.3　電気電子計測の表現の経緯

1.3 測定とは比較すること

　ここでは計測の中心的部分である測定が実際に行っている作業について見てみたい．測定とはいったい何をすることなのか．

　測定とは，知りたい未知の値を求める作業である．この未知の値を X とする．この X を求めるためには，実は既知の値（ここでは S とする）があらかじめ用意されている必要がある．それに加えて，**零検出器**が必要である．この零検出器は，X と S がちょうど等しいということを判定するための装置である．ここでは零検出器での大きさを G と表す．この概念を**図 1.4** に示す．実際には，S と G で測定器を構成していると見ることができる．

　この場合，X と S および G の関係は以下の式で示される．

$$X = S + G$$

ここで，G がゼロとなるとき，$X = S$，すなわち，既知の値 S で未知の値 X を表すことができ，もし，S が可変の値であれば，このことが可能となる．これが測定の最も基本的な原理である．

　すなわち，測定とは，既知の値と未知の値を**比較**し，既知の値から，未知の値を数量的に定める作業であり，この単純な測定を何らかの意図を持った行為とするときに計測と表現する．ただし，しばしば，計測と測定を同一に扱う場合があるので注意してほしい．なお，ここで，既知の値 S と称しているものは通常，基準とか参照あるいは標準というものであるが，詳細は 3 章で紹介する．

　実は，現在の計測という作業は科学技術の分野に限らず，その原型は有史以来，人間が本能的に行ってきた生活上の行為に見ることができる．たとえば，敵が現れたら，瞬時に自分と比較して，敵を評価し，自分が勝てるかどうか判断した．自分の体格や力量が既知の基準値で，それを利用して知りたい相手の体格や力量を測った．これが測定であり，その結果，逃げるか，戦うか判断して実行するための情報とすることが計測といえる．時代が進んで，個人から集団，単体からシステムへと比較対象が拡大しても，様々な要因を「比較する」という，この基本的な計測のスタンスは今も変わらない．

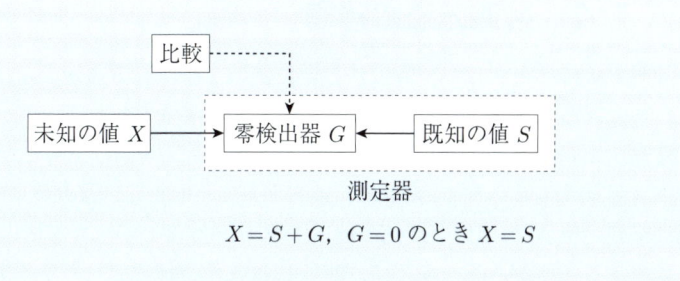

図 1.4　測定の基本原理

● 「はかる」を使い分ける ●

「はかる」という日本語は，測る，量る，計る，図る，諮る，謀るなど多数あり，その使い方は異なる．しかし，特に計測に絡む，最初の3個の漢字は使い方が微妙である．通常，「測る」が長さ，面積，角度，温度，速度などに，「量る」は重さ，容積などに，「計る」が数や時間に用いると覚えておくと間違いない．それ以外の対象内容も上記のどれに一番近い内容かを考えると当てはめる漢字も選びやすい．

1.4 計測方法の種類

計測方法には大別して，**零位法**と**偏位法**の 2 種類の方法がある．さらに，それらの変形として，**置換法**と**補償法**という測定手法もある．

零位法（zero method）は計測の原点で，まさに 1.3 節に説明した内容である．これは測定の理想であり，高い測定能力がある．しかし，図 1.5 に示すように，常に未知の値 X に等価な既知の値 S および高感度で安定な零検出器 G の双方を具備する必要がある．ゆえに，実際には操作が複雑で，あまり実用的ではない．ただ，流れる電流によって値の変わる可能性のある，電池の電圧（起電力）の測定などで，電池の電流を流さないで測定できるというメリットがある．

偏位法（deflection method）は，零位法より若干測定能力は劣るが，現在広く行われている測定方法である．図 1.6 に示すように，可変の既知の値 S と零検出器 G の代わりに，前もって既知の値で目盛りの付けられたメータ M を用いて，指針が示す目盛りを読み取る方法である．今ではメータの偏位量を目測ではなく，電気的に読み取ってフロントパネルに数量表示するものが多い．

置換法（replacement method）とは，図 1.7 に示すように，測定状態が未知の値 X のときと同じになるように，X の代わりに別に用意した既知の値 S' に置き換えることにより X を定める方法である．これは偏位法の変形であるが，

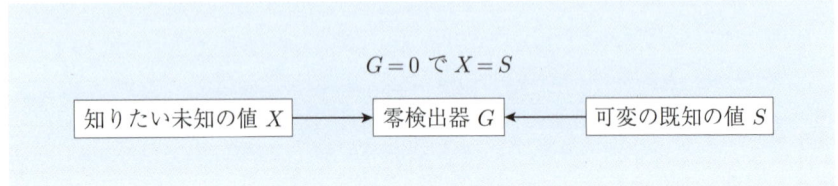

図 1.5 　零位法の測定方法

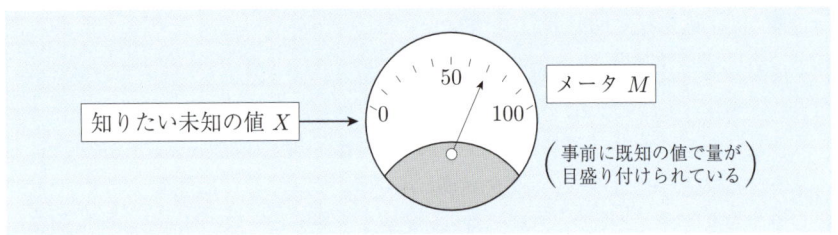

図 1.6 　偏位法の測定方法

メータ M は測定値を示す必要はなく，X の測定時および置換した S' での測定時のメータ M の指針が同じであることがわかれば十分である．

補償法（compensation method）は零位法と偏位法の双方の測定上の困難を回避しながら，高い測定能力を得るために行う測定方法である．すなわち，零位法では，零検出器 G で完全にゼロを認識することおよび可変の既知の値 S で未知の値 X とまったく同じ値を実現させることの双方の実現の困難さがある．一方で，偏位法では，X の値の全てをメータ M に負担させることによる測定のあいまいさが付きまとう．この双方の問題を克服するために，ここでは，ある程度の値がわかっている X にかなり近い，安定した既知の一定値 S を用い，その X と S のわずかな差のみをメータ M でその偏位を測定する方法である．M は X と S の差の微小量のみの測定となるゆえ，M の測定能力は飛躍的に向上することになる．

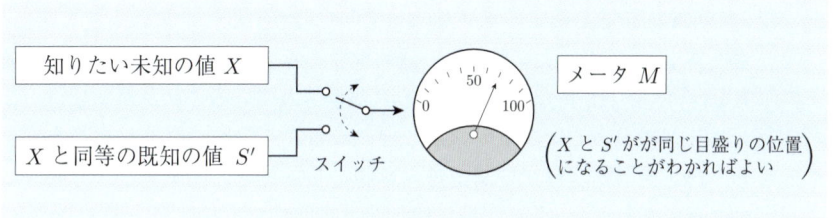

図 1.7　置換法の測定方法

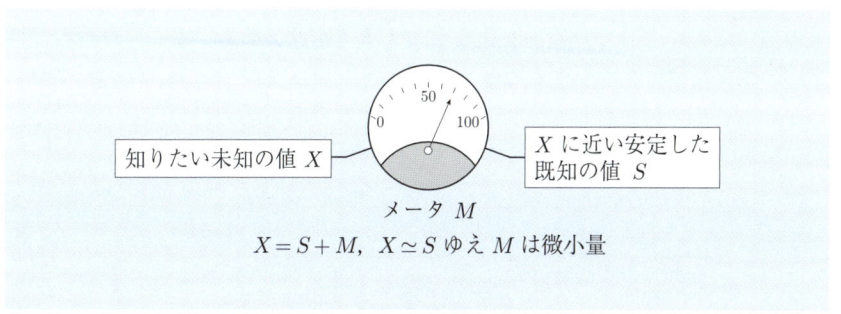

図 1.8　補償法の測定方法

1.5 測定結果の表現法

計測では測定器を用いて，何か値が得られただけでは不十分である．一昔前の指針型のアナログ測定器が主流のときは測定者によって測定結果に影響することはあった．しかし，近年のディジタル測定器では測定器のフロントパネルの表示された数字を読み取るだけゆえ，測定者による測定の影響はほとんどない．

では，測定上，注意すべき点は何か？ それは測定結果の質ということである．質のよい，すなわち，信頼性の高い測定結果を得る必要がある．

そのために注意しなければならないこととして，ここでは，(1) 測定環境の整備，(2) 測定装置の管理，(3) 測定結果の正しい表現を考える．

(1) 測定環境の整備とは，温度湿度変化，機械的振動や雑音，電気的雑音など測定に悪影響を与えるものを極力除くこと．避けられない場合は，それらの状態を逐一記録して実際の測定結果に併記すること．また，可能であれば，補正や校正の作業が望まれる．この内容は 13 章で再考する．

(2) 測定装置の管理とは，測定器の信頼性である．事前に測定器の校正や補正の作業を行い，極力正確な値を示すように調整されていることが望ましい．この作業システムについては 3 章で学ぶことになる．測定器の簡単な良否チェックとして，複数台の測定器で被測定対象を測定してみる方法がある．有意差があれば要注意である．

(3) 測定結果の正しい表現とは，測定後に記録し，報告する場合に，単に測定された値を示すだけでなく，繰り返して測定した場合には，それらの測定結果の値のばらつき具合や環境変化などによる測定結果のあいまいさを含む，測定時の様々な情報を併記することである．図 1.9 に示すように，測定結果のあいまいさを測定値に付記することは，提示された測定値の信頼性を担保する非常に重要な計測上の約束事である．この内容は 2 章で詳しく学ぶ．

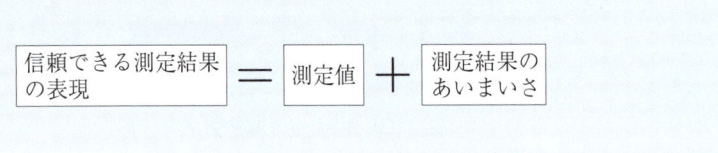

図 1.9　信頼できる測定結果の表現法

1.6　計測の社会的役割

計測は図 1.10 に示すように，科学，産業，安全や環境，商取引など，地球上のあらゆる事柄にかかわっている．

まず第一に考えられるのは，**科学**分野における貢献である．計測なくして科学の進歩発展はないであろう．計測は人々に科学分野の新しい知見が普遍的かつ恒久的であることを証明するために必要不可欠な手段である．計測で得られた結果が新しい科学的発見に信頼性を与える．様々な計測手段が用いられるが，今日では最終的に電気電子計測により，電気的な情報として提示される．

近年の**産業**における計測の役割も大きい．新製品の開発過程において，その計測データはその後の進め方の大きな判断材料となる．それゆえ，開発中の実験における計測結果は高い信頼性が要求される．多くの企業では自社で標準室を備えていて，作業で用いる測定器の管理に細心の注意を払っている．品質管理は良質の製品を製造する上で，企業の命運にかかわる最重要部門といえる．

社会における**安全**や**環境**問題にも計測は重要な役割を担っている．正しい計測が行われることが全ての正しい判断の源(みなもと)となる．信頼される社会システムを構築するには信頼できる計測機能が要求される．2011 年 3 月 11 日の大震災以降，様々な計測データの数値の持つ意味の重要性が広く社会に認知された．社会において，ひとつの計測もないがしろにできないのである．

今や大きく発展したグローバル経済が各国を一喜一憂させ，各国間の**商取引**における公平性が強く要求される．ここにも，計測が重要な役割を果たしている．統一した基準の設定や証明方法が整備され，はじめて互いに信頼できる関係ができる．わが国では計量法という法律をベースにして統一性を保っている．

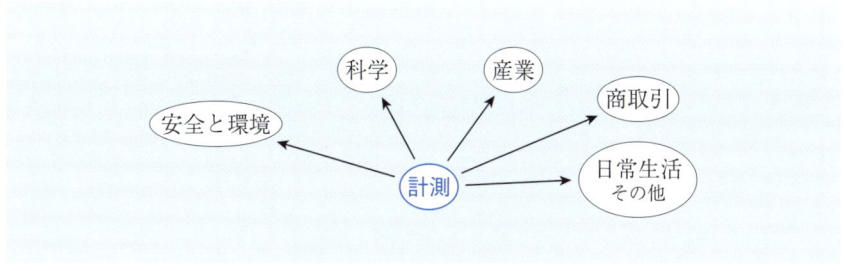

図 1.10　計測の社会的役割

1章の問題

- **1.1** 計測と測定の違いを簡単に述べよ．

- **1.2** 電気電子計測の2種類の意味を簡単に述べよ．

- **1.3** 以下の □□ に言葉を入れよ．

  測定は □□ することである．

- **1.4** 4種類の計測方法を述べよ．

- **1.5** 測定結果を示すときに望ましいことは得られた測定値に何を付記することか．

第2章
測定データの統計的処理

　具体的な電気量の測定について学ぶ前に，通常，測定した結果には，同じ測定値でも良質のものと信頼できないものとがあることを知る必要がある．ここでは，測定によって得られた値の有するあいまいさ，すなわち，測定の質について少し詳しく学習する．そのために，実際には，測定データの統計的な処理が行われ，標準偏差という概念が用いられる．従来から広く行われている誤差表示の評価法および近年提案されている不確かさという新しい測定結果の評価の表現を習得することによって，信頼性の高い計測結果の表現技術を身につける．

■ 2章で学ぶ概念・キーワード
- 測定の質
- 測定結果の評価の表現
- 標準偏差
- 誤差
- 不確かさ
- 最確値の導出法

2.1 測定の質

測定の質とは測定結果の信頼性の程度のことである．いかに良質の測定をするかということは極めて重要であり，それはあいまいさの少ない測定といえる．その測定結果の質を上げるために最もよく行う方法が同一条件で繰返し測定し，得られたデータの統計的処理を行う方法である．その結果を用いて測定の質を判断する．以下に示す簡単な具体例から測定の質について考えてみよう．

3人の測定者A君，B君，C君が未知の電圧 X を電圧測定器を用いて測定することになった．

A君は1回だけ測定して止めた．電圧 X の測定器の表示は 160 V であったので，この表示電圧値 160 V を未知の電圧 X の値とした．

B君は繰返し測定が重要と考えて，3回測定した結果，その3回の電圧 X の電圧測定器の測定結果は，149 V，159 V，172 V と表示された．そこで，B君はその3回の測定の平均値 160 V をこの場合の電圧 X の値とした．

C君もB君と同様に3回の繰返し測定を慎重に行った結果，その3回の測定結果は，157 V，162 V，161 V であった．そこで，その3回の測定結果の平均値 160 V をこの場合の電圧 X の値とした．

結果として，3人の求めた値はどれも 図2.1 に示すように，160 V となった．

結果の値だけを見ると皆同じであるが，実はそれぞれの報告書に記載された測定値 160 V の質は異なる．

A君の測定のように，一度だけの測定では，その測定結果がどの程度信頼できるものであるか判断することが難しい．すなわち，測定の質を判断すること

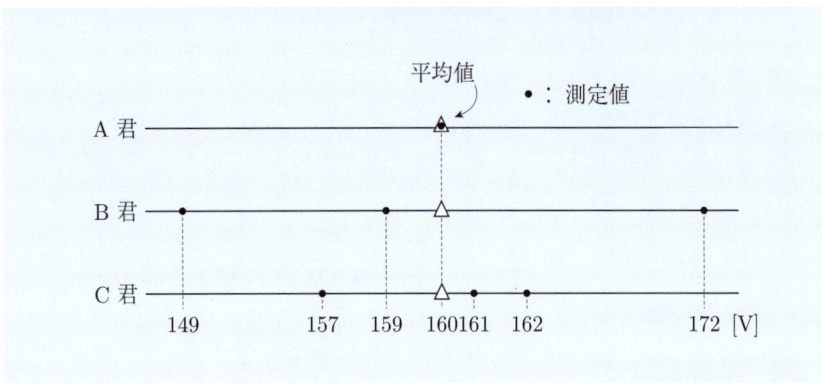

図2.1　測定結果の比較

ができない．それゆえ，望ましい測定とはいえない．

　B君とC君はそれぞれに同一条件で繰返し測定することで，複数個の測定データを得ている．これによって，測定の質を考える情報が得られた．

　今回の図2.1の測定結果で見ると，同じ160 Vであるが，C君の160 Vの方がB君の160 Vより測定の質のよい内容となる．この定量的な評価は2.2節で議論する

　このように，測定結果の値を示すだけでは，厳密にいえば測定は不十分である．得られた測定結果の値の質を常に吟味することが測定では重要である．

　実は，測定とは，得られた結果の数字も大事であるが，その結果の数字が持つ信頼性，すなわち，測定の質がより重要であることを認識してほしい．2.2節以降でこの計測の質を表現する方法について学習する．

● 東京スカイツリーは語る ●

　世界一の高さの電波塔，東京スカイツリーは，建設の最後の段階のある日に，突然，建築過程で最も危険な状態に直面した．2011年3月11日である．ツリーもその周辺の足場もそれまで経験したことのない大きな揺れに遭遇し，危機一髪の状態であった．しかし，結果として，その後，何事もなかったかのように，ツリーの完成へと作業は進んでいった．そこにわが国のこの分野における技術レベルの高さを見ることができる．そして，忘れてならないのは，縁の下の力持ちとして，ツリー建設を支えた計測技術のレベルも非常に高かったことである．目立たず，当たり前のように行われた高水準の計測技術があってはじめてこの作業が実現したことを心に銘記したい．至る所で，手を抜かないという計測の質が高い建築技術を支えているのである．

2.2 標準偏差

繰返し測定による値のばらつき，すなわち，測定結果のあいまいさを**標準偏差**（standard deviation）という数値化した表現で明示し，計測の質を一般化する．ここではその標準偏差について学ぶ．

統計学では，ばらつき具合を普通は測定量の2乗の表現である**分散**で考えるが，計測の分野では，ばらつき具合の単位を測定値の単位に合わせるために，分散の平方根で表した標準偏差を用いる．測定回数 n の有限回測定の平均値 $\bar{x}$ は (2.1) 式で，そのときの**実験標準偏差**（統計学では**標本標準偏差**）$s(x)$ は (2.2) 式となる．ここで，x_i は i 番目の測定値のことである．

$$\bar{x} = \frac{\sum_{i=1}^{n} x_i}{n} \tag{2.1}$$

$$s(x) = \pm\sqrt{\frac{\sum_{i=1}^{n}(x_i - \bar{x})^2}{n-1}} \tag{2.2}$$

測定分野では無限回繰返し測定時のデータ群が統計学分野での**母集団**に当たり，そのときのばらつき具合は 図2.2 のような左右対称で，**母平均** μ が頂点のつりがね型の**正規分布**となる．その分布のばらつき具合を表す量が**母標準偏差** σ で，$\mu \pm \sigma$ 内に測定値が入る割合が全体の約 68%で，$\mu \pm 2\sigma$ 内での割合が約 95%，$\mu \pm 3\sigma$ 内では約 99%となる（詳細は巻末の付録 A を参照）．

母集団と有限回の**測定データ**（統計学では**標本**（サンプル））のばらつき具合を比較すると，まず，母平均 μ と有限個の**測定の平均** $\bar{x}$ は一致する保証はない．

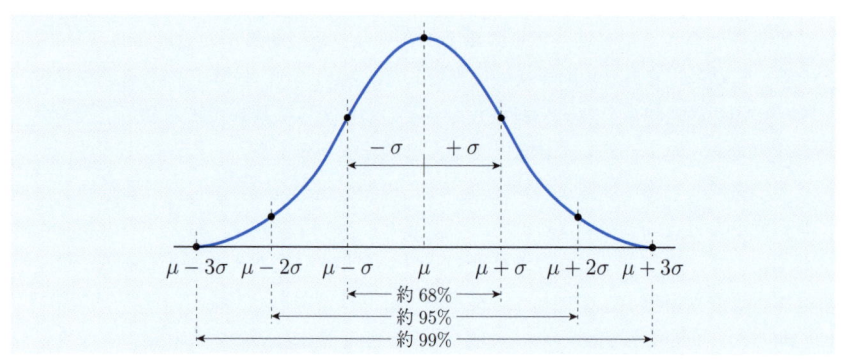

図2.2 母集団における測定データの分布と標準偏差の関係

2.2 標準偏差

また，有限個のデータではそのばらつきが正規分布になるとはいえないが，あえて (2.2) 式から実験標準偏差 $s(x)$ を求め，正規分布の母標準偏差 σ であるかのように測定結果を評価する．図2.3 にその様子を示す．$s(x)$ の値の小さい方がばらつきの少ない良質の測定結果といえる．

■ 例題2.1 ■

2.1 節に記述した B 君と C 君の測定データの $s(x)$ を求めよ．

【解答】 B 君の 3 回の測定結果は，$x_1 = 149$ [V], $x_2 = 159$ [V], $x_3 = 172$ [V]．C 君の 3 回の測定結果は，$x_1 = 157$ [V], $x_2 = 162$ [V], $x_3 = 161$ [V]．平均値 $\overline{x}$ はどちらも 160 V．これらの値を (2.2) 式に代入して計算すると，B 君の $s(x)_B$ は 11.53 V，C 君の $s(x)_C$ は 2.65 V である．これらの結果をグラフ化した図2.4 で明らかなように，平均値が同じでも，C 君の $s(x)$ が小さいので，良質な計測となる．■

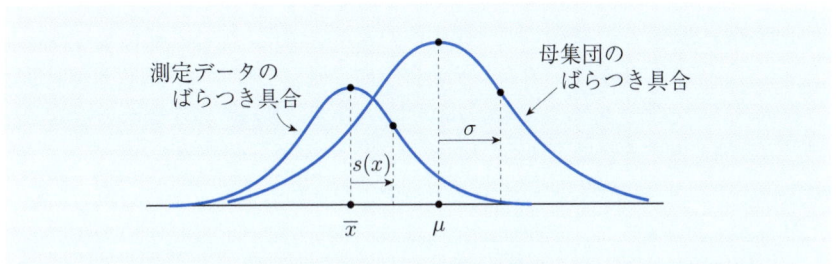

図2.3 母集団と有限回測定データにおける平均値とばらつき具合の比較例

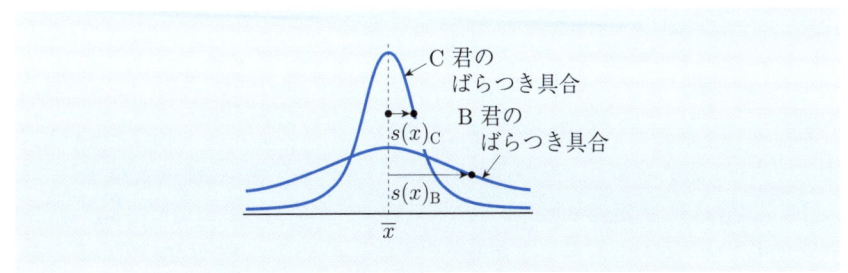

図2.4 B 君と C 君の測定データのグラフ化

2.3 誤差——従来からの測定結果の評価の表現

これまで，長い間，測定の質，すなわち，測定結果を評価する方法として誤差（error）という概念が用いられてきた．この誤差評価という概念には，真実の値，すなわち**真値**（true value）の存在が前提となっている．この誤差という概念を用いた測定結果の評価表現は **表2.1** に示すように，2種類の異なる誤差によって構成される．それらは，**系統誤差**（systematic error）および**偶然誤差**（accidental error）と呼ばれている．

系統誤差とは，繰返し測定した結果から得られる平均値（この場合は最確値ともいう）と真値との差，すなわち，真値からのかたよりのことである．系統誤差は表現を変えて，**正確さあるいは確度**，英語で **accuracy** と呼ぶこともある．系統誤差の身近な具体例としては，使用する測定器の表示が最初から真値と異なっている場合があげられる．厳密な測定のためには，はじめに，より上位の測定器で校正し，実際に使う測定器の表示の補正をする．簡便な対処の方法として，必要に応じて，異なる測定器で同じ測定を行ってみることで，2つの測定器による測定結果に大きなずれがないかで，系統誤差を確かめることができる．同じ測定を日時を変えて行なった場合に異なる値が得られたときには，測定日毎の温度や湿度などの測定環境の変化や変動も系統誤差の一因となることがある．このように，実際は，元々真値が不明なことが多い中で系統誤差を完璧に把握することは極めて困難な作業である．測定器に添付されている成績表や性能表を参考にして，使用する測定器の測定能力の程度を知っておくことも必要である．

一方，偶然誤差は繰返し測定の結果から生じる個々の測定値の平均値からのばらつき具合を示すもので，2.2節で学んだ，標準偏差を用いて，その大きさを表現する．すなわち，有限回の測定で得られたデータを用いて，2.2節に記述されている (2.2) 式により，実験標準偏差 $s(x)$ を求め，測定結果を評価する．しかし，しばしば，測定の分野では無限回数のデータで得られる母標準偏差の記号 σ を同じ意味で用いていることがあるので注意してほしい．偶然誤差のことを，別の表現で，**精密さあるいは精度**，英語で **precision** と称する．ただし，精度という言葉は系統誤差と偶然誤差からなる誤差全体の表現として使われることが多い．その理由は，通常の測定器による測定では系統誤差を求めることが容易ではなく，繰返し測定による偶然誤差のみによる測定結果で全体の誤差とすることが多いためと考えられる．

図2.5 に系統誤差と偶然誤差の関係を示す．

ところで，ここまで，系統誤差と偶然誤差の個々については述べてきたが，系統誤差と偶然誤差を合わせた総合的な誤差の大きさの表現法に関しては，系統誤差と偶然誤差の2乗和の平方根で表すこともあるが，必ずしも統一されたものになっていないことを付記しておく．

表2.1 従来の測定結果の表現 - 誤差

誤差	系統誤差 かたより (測定値の平均値の真値からの かたより具合)	正確さ	確度	accuracy
	偶然誤差 ばらつき (各測定値の平均値からの ばらつき具合)	精密さ	精度	precision

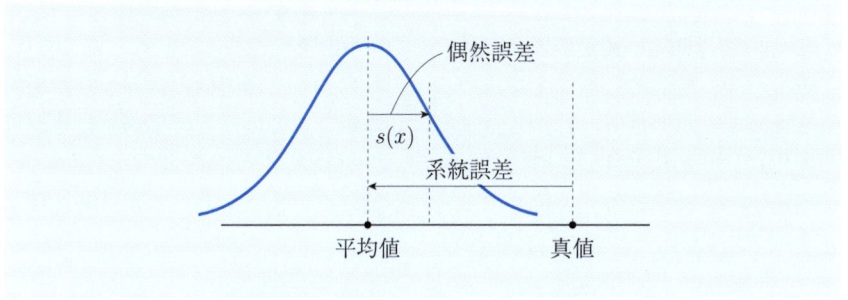

図2.5 系統誤差と偶然誤差の関係

2.4 不確かさ —— 新しい測定結果の評価の表現

2.3節で紹介した偶然誤差と系統誤差からなる従来の測定結果の評価の誤差という表現の代わりに，近年，新しい測定結果の評価の表現として**不確かさ**が提案された．これが公表されたのは1990年代前半で，**国際度量衡委員会**の勧告によるものであった．国際度量衡委員会とは主要各国の計測標準研究機関から構成される国際的な協議組織である．

この不確かさは**タイプ A** の評価法および**タイプ B** の評価法に分類される．統計的手法で表される不確かさをタイプ A の評価法とし，タイプ A に含まれない不確かさをタイプ B の評価法としている．前節の誤差という評価の表現と最も大きな概念の違いは，従来の系統誤差では真値の存在が不可欠であるが，ここでははじめから真値はわからないとし，その代わりに最確値を用いる．これは統計学での母平均（母集団の平均）に相当する．**表2.2** に両者の違いを示す．

タイプ A は繰返し測定のばらつきであるから，偶然誤差に近い考え方であり，実験データの統計的処理により求める．これにより，測定値のばらつきと平均値を得ることができる．しかし，本当に知りたいことは，この平均値自体が母平均に対してどれだけばらついているか，すなわち，平均値のばらつき（これを平均値の実験標準偏差と称している）が知りたい値である．これは統計理論から以下の (2.3) 式のように表される．

$$s(\overline{x}) = \frac{s(x)}{\sqrt{n}} \quad (2.3)$$

ここで，$s(\overline{x})$ は平均値の実験標準偏差，$s(x)$ はデータの実験標準偏差，n は測定回数である．通常，この平均値の実験標準偏差をタイプ A の標準不確かさとしている．

表2.2 誤差と不確かさの違い

	誤差	不確かさ
定義	「測定値 − 真値」	「ばらつき」と「不可知なかたより」の合成
分類	偶然誤差，系統誤差	タイプ A の評価法，タイプ B の評価法

2.4 不確かさ——新しい測定結果の評価の表現

> **例題2.2**
> 3回の電圧測定の結果，100.00 V，100.30 V，99.70 V となった．このとき，不確かさの表現における，平均値の実験標準偏差 $s(\overline{x})$ を求めよ．

【解答】 データの実験標準偏差 $s(x)$ は，(2.1) 式と (2.2) 式より，

$$\overline{x} = 100.00 \, [\text{V}]$$

$$s(x) = \sqrt{\frac{0.30^2 + (-0.30)^2}{2}} = 0.30 \, [\text{V}]$$

よって，平均値の実験標準偏差（標準不確かさ）$s(\overline{x})$ は，(2.3) 式より，

$$s(\overline{x}) = \frac{0.30}{\sqrt{3}} = 0.17 \, [\text{V}]$$

　統計的手法で求めるタイプ A で表せない不確かさがタイプ B である．それらには，標準器校正の不確かさ，測定室の年間温度変化などの再現性困難な不確かさ，測定器の分解能などの測定できない不確かさなどがある．タイプ B の評価法では個々に確率分布を仮定してばらつきを推定する．ディジタル表示の不確かさなど，タイプ B の評価法では**矩形分布**（一様分布）が最もよく用いられる．たとえば，測定環境が 20°C ± 3°C の場合は，温度を常時測定していないので，この温度条件による標準不確かさは矩形分布を仮定して，±3°C ÷ $\sqrt{3}$ = ±1.73°C. 最終的には，個々の不確かさを合成して全体的な不確かさを求める．この**合成標準不確かさ**は個々の不確かさの 2 乗和の平方根である．

　たとえば，測定環境が 20°C ± 3°C の場合の例題 2.2 の測定では，タイプ A の標準不確かさが 0.17 V で，タイプ B の標準不確かさが 1.73°C である．ここで，温度単位を電圧単位に揃えるために感度係数を用いる．この場合，1°C 当たり 0.1 V 変動することがわかっていると，タイプ B の標準不確かさ 1.73°C は 0.17 V と置換できる．合成標準不確かさは 2 乗和の平方根であるから，以下のようになる．

合成標準不確かさ： $\sqrt{(0.17\,[\text{V}])^2 + (0.17\,[\text{V}])^2} = \sqrt{2} \times 0.17\,[\text{V}] = 0.24\,[\text{V}]$

　すなわち，温度変化も不確かさの要因に含めると，例題 2.2 の測定は 100.00 V ± 0.24 V の範囲に約 68% 含まれることがわかる．

　産業界では**包含係数** $k = 2$ を用いることにより，合成標準不確かさを 2 倍した表現の**拡張不確かさ**を用いることが多い．この表現により，図2.2 からもわかるように，測定の範囲を約 95% とすることができる．すなわち，例題 2.2 の例では，測定値は 100.00 V ± 0.48 V の範囲に約 95% 含まれるということになる．

2.5 最確値の導出法

測定において，真値はわからないが，真値に最も近いと考えられる**最確値** x_o を求めることはできる．ここでは最確値決定の最もポピュラーな方法のひとつである，**最小 2 乗法**について学ぶ．

[I] 変数 1 個 (x) の場合

n 個の測定データ $(x_1, x_2, \cdots, x_n)$ がある場合，その最確値 x_o は次式 P が最小となるときの x_o である．

$$P = \sum_{i=1}^{n}(x_i - x_o)^2 \tag{2.4}$$

P が最小となるための条件は，$\frac{dP}{dx_o} = 0$ であるから，その条件で，(2.4) 式は $-2\sum_{i=1}^{n}(x_i - x_o) = 0$ となる．ここで，x_i は i が 1 から n までの x の値である．

これは結局，$nx_o = \sum_{i=1}^{n} x_i$，すなわち，$x_o = \dfrac{\sum_{i=1}^{n} x_i}{n}$ である．これは平均値を求める式である．すなわち，変数 1 個 (x) の場合の n 個のデータでその平均値を求めているのは，実は最確値を求める作業であることがわかる．

■ 例題 2.3 ■

5 回の電圧測定の結果は，100.00 V, 100.30 V, 99.70 V, 100.60 V, 99.40 V であった．このデータより，(2.4) 式を用いて，最確値を求めよ．

【解答】 最確値を x_o と仮定すると，この場合は (2.4) 式より，$P = (100.00 - x_o)^2 + (100.30 - x_o)^2 + (99.70 - x_o)^2 + (100.60 - x_o)^2 + (99.40 - x_o)^2$．

最確値 x_o は P が最小となるときの値であるから，その条件である $\frac{dP}{dx_o} = 0$ を求めてみると，$\frac{dP}{dx_o} = -2(100.00 - x_o) - 2(100.30 - x_o) - 2(99.70 - x_o) - 2(100.60 - x_o) - 2(99.40 - x_o) = 0$．これを整理すると，$(100.00 + 100.30 + 99.70 + 100.60 + 99.40) - 5x_o = 0$．ゆえに，$x_o = \frac{100.00 + 100.30 + 99.70 + 100.60 + 99.40}{5} = 100.00$ である．すなわち，最確値は測定データの和を測定回数で割った値である．これは通常平均値を求める方法であり，平均値は最確値を意味している． ■

[II] 変数 2 個 (x, y) の場合で，x と y が二次式の関係のとき

たとえば，入力 x と出力 y の増幅器の入出力関係の場合について考える．横軸 x，縦軸 y の xy 平面上に既知入力 x を変化させたときの未知出力 y を求め，x と y の最も確からしい二次式 $y = ax^2 + bx + c$ (ここで，a, b, c は係数) の関係を調べる．実際は各既知の入力 x に対してその出力 y はこの二次式に正しく

乗らない．そこで，ある x_i で二次式に乗ると仮定した出力 y_{ik} と実際に測定した出力 y_i の差の 2 乗の全ての測定値における総和 P を求め，P が最小となる条件の二次式の係数 a, b, c を最小 2 乗法を用いて導出する．上述の条件から，データが n 個の場合，総和 P は以下のようになる．

$$P = \sum_{i=1}^{n} (y_i - y_{ik})^2 \tag{2.5}$$

ここで，$y_{ik} = ax_i^2 + bx_i + c$．ゆえに，

$$P = \sum_{i=1}^{n} \{y_i - (ax_i^2 + bx_i + c)\}^2 \tag{2.6}$$

P が最小になる条件は，

$$\frac{dP}{da} = 0 \tag{2.7}$$

$$\frac{dP}{db} = 0 \tag{2.8}$$

$$\frac{dP}{dc} = 0 \tag{2.9}$$

そこで，(2.6) 式を (2.7)，(2.8)，(2.9) 式の条件でそれぞれ解くと，

$$\sum_{i=1}^{n} x_i^2 y_i - a \sum_{i=1}^{n} x_i^4 - b \sum_{i=1}^{n} x_i^3 - c \sum_{i=1}^{n} x_i^2 = 0 \tag{2.10}$$

$$\sum_{i=1}^{n} x_i y_i - a \sum_{i=1}^{n} x_i^3 - b \sum_{i=1}^{n} x_i^2 - c \sum_{i=1}^{n} x_i = 0 \tag{2.11}$$

$$\sum_{i=1}^{n} y_i - a \sum_{i=1}^{n} x_i^2 - b \sum_{i=1}^{n} x_i - nc = 0 \tag{2.12}$$

(2.10)，(2.11)，(2.12) 式のそれぞれに n 個の計測データを代入して解くことにより，係数 a, b, c が求まり，最も確からしい x と y の関係，$y = ax^2 + bx + c$ を定めることができる．

■ 例題2.4 ■

ある 2 変数 x, y の関係が 4 回の測定で，(x, y) が $(0,1), (1,1), (2,3), (3,2)$ となった．この 2 変数 x, y の関係が二次式で表されるとすると，最も確からしい二次式はどのような関係か最小 2 乗法を用いて求めよ．

【解答】 関係式 $y = ax^2 + bx + c$ の係数 a, b, c は 4 個の計測データの場合の (2.10)，(2.11)，(2.12) 式より求めることができる．各々数値を代入すると，この場合，

(2.10) 式から　$31 - 98a - 36b - 14c = 0 \tag{2.13}$

(2.11) 式から　$13 - 36a - 14b - 6c = 0 \tag{2.14}$

(2.12) 式から　$7 - 14a - 6b - 4c = 0 \tag{2.15}$

(2.13)，(2.14)，(2.15) 式を解くと，$a = -\frac{1}{4}, b = \frac{5}{4}, c = \frac{3}{4}$．よって，求める関係式は $y = -\frac{1}{4}x^2 + \frac{5}{4}x + \frac{3}{4}$．

2章の問題

☐ **2.1** 精密さと正確さの違いを簡単に述べよ．

☐ **2.2** 従来から誤差という表現法があるのに，不確かさという表現法が提案されている最も大きな理由は何か．

☐ **2.3** 4回の電圧測定の結果，100.10 V, 100.30 V, 99.70 V, 99.90 V となった．このとき，不確かさの表現における，タイプ A の評価法における，平均値の実験標準偏差 $s(\bar{x})$ を求めよ．また，この場合，タイプ B の評価法による値が 0.08 V であったとすると，最終的に，包含係数 $k=2$ として，全ての測定値の約 95%が含まれる拡張不確かさを求めよ．

☐ **2.4** ある2変数 x, y の関係が4回の測定で，(x, y) が $(0, 1), (1, 1), (2, 3), (3, 2)$ となった．この2変数 x, y の関係が一次式（$y = bx + c$）で表されるとすると，最も確からしい一次式はどのような関係か最小2乗法を用いて求めよ．
ヒント：2.5節 [II] おける (2.11), (2.12) 式から，$a = 0$ として式を解いてみる．

第3章

単位と標準

　測定は根源的には未知の値と既知の値を比較することである．また，その結果をルールに従い，数値で表すことにより共通の理解を得ることである．そのために必要な測定上の要素が単位と標準である．長い歴史を経て，近年，世界中が国際単位系，SIに統一され，また，普遍的な物理現象を利用した量子標準で維持されるに至った．この章では，単位と標準の必要性，SIやその内の電気単位の仕組み，電気標準，特に量子電気標準の具体的な内容，品質の管理に不可欠な標準体系など，計測の分野で必要不可欠ながら黒子のような役割の内容について学ぶ．

■3章で学ぶ概念・キーワード
- 単位と標準の必要性
- SI
- 電気標準の仕組み
- 量子電気標準
- 標準維持とトレーサビリティ

3.1 単位と標準の必要性

人間は有史以来,世界中の至る所でそれぞれの生活に根差した,計測に関する独自の共通ルールを設定し,用いてきた.たとえば,わが国では,長い間,尺貫法という,長さや重さの**単位**を使ってきた.1958年末での尺貫法廃止以降も,土地の広さを表す坪とか,米などを量るときの合や升などは生活の中で生きている.このような**度量衡**という概念はいつの時代にも人間生活に必要不可欠なものであることがわかる.社会生活が地球規模に変化していく中で,国際的に統一した計量単位の必要性が高まった.19世紀後半にはそれまでフランスから提唱されていたメートル法が統一した単位系として多くの国で広く用いられるようになる.現在は**SI(国際単位系)**が様々な単位の基本として国際的に運用されている.

一方,**標準**という概念も単位と同時進行的に発生している.測定は本来,未知の値と既知の値の比較が基本であるから,信頼できる既知の値を用意する必要がある.それが基準値と称するものであり,その基幹に標準がある.古くから,この標準の実態としては,**標準器**あるいは**原器**といわれる,できるだけ状態が安定した信頼のおける道具や物体に,何らかの根拠による値を付けることによって用いてきた.現在,ある種の測定対象の標準は普遍性が期待できる物理現象を用いた,いわゆる**量子標準**となっている.

このように,単位と標準は,測定における必要不可欠なものとして,**図3.1**に示すように,車の両輪のように発展してきた.その歴史の中で,今日のSIと量子標準という組合せはかなり完成度が高い形態であるといえる.単位と標準の歴史的変遷を**図3.2**に示す.

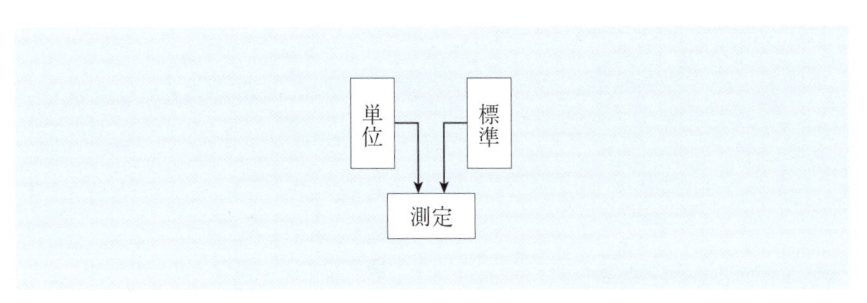

図3.1　測定に必要な概念 —— 単位と標準

3.1 単位と標準の必要性

		(メートル法)	
[単位]	生活に根付いた国, 地域による様々な単位系	→ MKS単位系 cgs単位系	→ SI（国際単位系）
[標準]	国, 地域ごとの基準の設定	→ 各種原器,標準器の設定	→ SIに基づく量子標準を含む最新技術による標準の設定

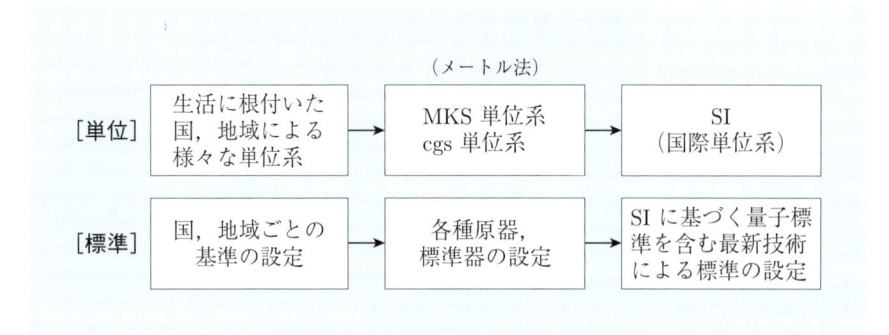

図3.2　単位と標準の歴史的変遷

● えっ，今日の気温は 100 度！ ●

　科学技術の分野では世界中でおおむね SI に統一されているが，日常生活では長年使ってきた習慣を変えるのはなかなか難しい．

　アメリカでは，長さの単位はメートルではなく，インチやマイルという単位が生活の中で，ごく自然に使われているので戸惑うことが多い．車でドライブしているときは道路の速度指示はマイル/時なので 50 と記してあれば，時速 50 マイル，すなわち時速約 80 キロということになる．

　温度単位も SI ではケルビン（K）だが，日本では通常，摂氏（°C）が用いられている．アメリカでは華氏（°F）が使われる．真夏に日本でも 37.8°C は大変な暑さだが，これが華氏ではちょうど 100°F．沸騰しているイメージでいかにも暑そうである．ちなみに，日本で快適な 20°C は，華氏では 68°F．慣れるのはなかなか大変である．

　幸い，電気単位に関してはこのような地域的な違いがなく，共通して SI が使用されている．

3.2 SI（国際単位系）とその基本単位

現在，国際的に統一された単位系として用いられる **SI** とは，フランス語で Systeme International d'Unites，すなわち，英語の International System of Units で，**国際単位系**の意味である．SI に単位系の意味が含まれているので，SI 単位（系）とはいわない．フランス語の表現 SI が使われる理由はこの専門分野がフランスの主導で行われてきたことに起因する．ちなみに，この分野の国際的な研究機関である**国際度量衡局**（BIPM）はパリ郊外にある．

SI はそれまで使われていた，**力学量**の基本単位，長さ（m），重さ（kg），時間（s）で構成される **MKS 単位系**などを発展させたもので，主要国の計量標準分野の政府機関で組織された**国際度量衡総会**で 1960 年に採用が決定した．

様々な紆余曲折を経て，現在の SI に至っている．それらは 7 個の**基本単位**とそれ以外の単位（**組立単位**）から構成される．なお，従来は補助単位であった，平面角の単位 rad（ラジアン）と立体角の単位 sr（ステラジアン）は 1995 年の総会で無次元の組立単位に移行した．SI（国際単位系）の 7 個の基本単位を**表3.1** に示す．基本単位の定義の詳細は巻末の付録 B に記してあるので，参考にされたい．

SI では，たとえば，kΩ の k（キロ，10^3）や MHz の M（メガ，10^6）のように，単位記号の前につく，10 の整数乗倍を表す**接頭語**（prefix）が用いられる．参考までに，**表3.2** に主な接頭語と倍数の関係を示す．

SI がそれまでの他の単位系とは大きく異なる特徴がある．それは，基本単位以外の全ての単位（組立単位）が基本単位の組合せのみで表せることである．たとえば，組立単位である電圧 V は $m^2 \cdot kg \cdot s^{-3} \cdot A^{-1}$ のように基本単位のみで表現できる．**表3.1** にあるように，電気の分野では基本単位は電流の単位 A のみである．それゆえ，SI では，電流以外の電気量の単位は本来は基本単位の組合せで表現されるべきである．しかし，組立単位で表すことは大変わずらわしいことなので，実際はそれぞれ固有の名称を持ち，それを使用する．**表3.3** に主な電気量の組立単位が基本単位の組合せで表されたものを参考までに示す．

3.2 SI（国際単位系）とその基本単位

表3.1　SI（国際単位系）の7個の基本単位

量	名称	記号	定義の概略
長さ	メートル	m	299 792 458 分の 1 秒に光が真空中を伝わる長さ
質量	キログラム	kg	国際キログラム原器
時間	秒	s	セシウム原子のエネルギー放出現象
電流	アンペア	A	（別掲）
熱力学温度	ケルビン	K	水の三重点の熱力学的温度の 273.16 分の 1
物質量	モル	mol	0.012 キログラムの炭素 12 の中の原子の数
光度	カンデラ	cd	540 テラヘルツの放射強度の 683 分の 1 ワット/ステラジアン

表3.2　主な接頭語と倍数の関係

倍数	接頭語	記号	倍数	接頭語	記号
10^{15}	ペタ	P	10^{-1}	デシ	d
10^{12}	テラ	T	10^{-2}	センチ	c
10^{9}	ギガ	G	10^{-3}	ミリ	m
10^{6}	メガ	M	10^{-6}	マイクロ	μ
10^{3}	キロ	k	10^{-9}	ナノ	n
10^{2}	ヘクト	h	10^{-12}	ピコ	p
10^{1}	デカ	da	10^{-15}	フェムト	f

表3.3　主な電気関係の単位の基本単位による組合せ

量	名称	記号	他のSI単位による組立て	SI基本単位による組立て
電圧	ボルト	V	$W \cdot A^{-1}$	$m^2 \cdot kg \cdot s^{-3} \cdot A^{-1}$
電気抵抗	オーム	Ω	$V \cdot A^{-1}$	$m^2 \cdot kg \cdot s^{-3} \cdot A^{-2}$
電力	ワット	W	$J \cdot s^{-1}$	$m^2 \cdot kg \cdot s^{-3}$
静電容量	ファラド	F	$C \cdot V^{-1}$	$m^{-2} \cdot kg^{-1} \cdot s^4 \cdot A^2$
インダクタンス	ヘンリー	H	$Wb \cdot A^{-1}$	$m^2 \cdot kg \cdot s^{-2} \cdot A^{-2}$
コンダクタンス	ジーメンス	S	$A \cdot V^{-1}$	$m^{-2} \cdot kg^{-1} \cdot s^3 \cdot A^2$
磁束	ウェーバ	Wb	$V \cdot s$	$m^3 \cdot kg \cdot s^{-2} \cdot A^{-1}$
磁束密度	テスラ	T	$Wb \cdot m^{-2}$	$kg \cdot s^{-2} \cdot A^{-1}$
周波数	ヘルツ	Hz	—	s^{-1}
力	ニュートン	N	—	$m \cdot kg \cdot s^{-2}$
エネルギー	ジュール	J	$N \cdot m$	$m^2 \cdot kg \cdot s^{-2}$

3.3 電気標準の定義

SI で唯一の基本単位である**電流の単位** A は次に示す表現で定義されている．すなわち，

「A は，真空中に 1 m の間隔で平行に置かれた，無限に小さい円形断面積を有する無限に長い 2 本の直線状導体のそれぞれを流れ，これらの導体の長さ 1 メートル毎に 2×10^{-7} N の力を及ぼし合う不変の電流である．」

図3.3 に示すように，2 本の平行導線に流れる電流 I とそこに作用する 1 m 当たりの力 F との関係は (3.1) 式のように表される．ここで，μ_0 は**真空の透磁率**，d は平行導線の間隔である．

$$F = \frac{\mu_0 I^2}{2\pi d} \tag{3.1}$$

上述の基本単位 A の定義では，間隔 $d = 1$ [m] で，1 m 当たりの力 $F = 2 \times 10^{-7}$ [N·m^{-1}] が生じるときの電流 I が 1 A であるから，(3.1) 式より，μ_0 は $4\pi \times 10^{-7}$ [H·m^{-1}] である．この定義からわかることは，電流は基本単位ではあるが，力学量と切り離せない関係にあることである．

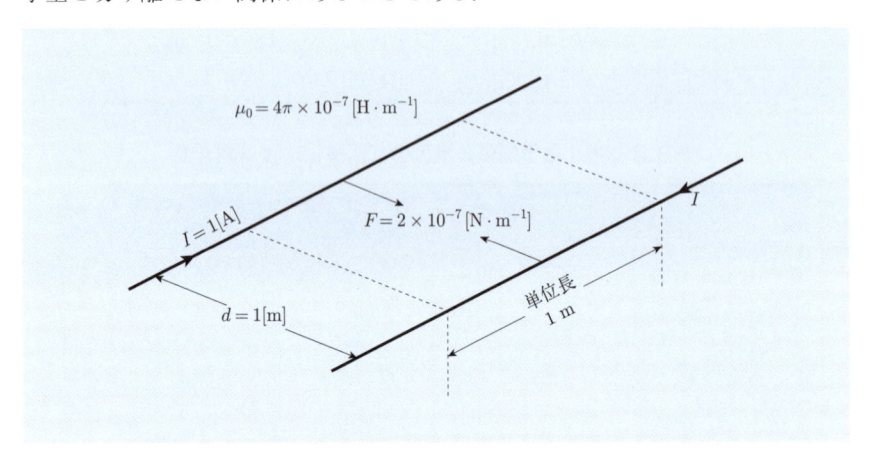

図3.3　2 本の平行導体に流れる電流とそこに働く力の関係

3.4　電気標準の仕組み

SI では電流が基本単位であるが，実際の**電気標準**は**電圧**と**抵抗**を定めることによって，確立・維持されている．その理由は，電流の実体を容易に具現化し，標準として提供することが困難なことによる．そのため，過去には，安定した起電力のカドミウムをベースとした**標準電池**を用いて電圧の標準を，またマンガニン線を巻線材料とした**標準抵抗器**で抵抗の標準を具現化し，オームの法則を利用して，電流の標準も実現させていた．これらは長年，安定した標準器であったが，器であるゆえ，値の**経年変化**は避けられなかった．

近年，量子効果を用いた極めて安定した画期的な電気標準が出現した．すなわち，ジョセフソン効果による電圧標準と量子ホール効果による抵抗標準であり，1990 年以降にはこれらが正式に電気標準となっている．

一方，**絶対測定**と呼ばれる電気量と力学量を関連付ける測定も行われてきた．具体的には，電流を流したコイルと分銅を比較する**電流天びん**の実験や平行電極板に印加した電圧を分銅と比較する**電圧天びん**の実験などである．また，4本の平行円筒電極の形状から電極間の電気容量を決めることのできる**クロスキャパシタ**と称する装置を用いて，抵抗を力学量と結び付ける実験も行われた．これらの成果は電気量と力学量の関係など，SI 間の**整合性**を確かなものとするために極めて重要な実験であった．

図 **3.4** にこれまでの電気標準の仕組みを示す．

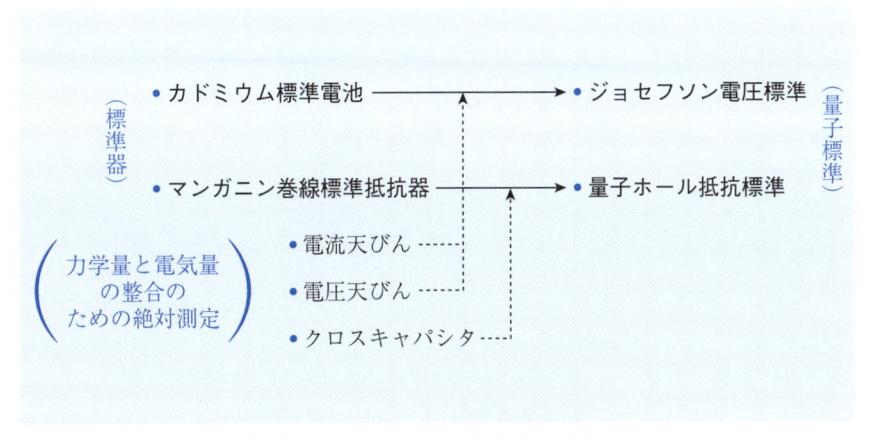

図**3.4**　これまでの電気標準の仕組み

3.5 量子電気標準

1990年以降,電気標準は量子電気標準,すなわち,**ジョセフソン電圧標準**と**量子ホール抵抗標準**によって確立し,維持されている.

ジョセフソン電圧標準に用いる**ジョセフソン効果**とは,2つの**超電導体**を弱く結合させたジョセフソン接合といわれるものに外部から周波数 f のマイクロ波を照射すると (3.2) 式の関係を持った等間隔の定電圧 V_S がステップ状に発生する効果のことである.ここで,n は整数,K_J はジョセフソン定数という.1962年にこの効果をイギリスのジョセフソン(B. D. Josephson)が発見した.

$$V_S = \frac{nf}{K_J} \quad (3.2)$$

1個の接合では発生する V_S は小さいが,2万個以上の接合を直列接続することにより,現在は10 V 程度の電圧を得ており,印加周波数 f の不確実さは極めて小さいゆえ,この発生電圧を安定した標準電圧として用いている.

一方,量子ホール抵抗標準に用いられる**量子ホール効果**とは,半導体内部の二次元電子系という部分を極低温,強磁界という状況下で用いるホール効果である.すなわち,ホール素子に一定電流 I を流し,その方向と垂直に強磁界を加えていくと,双方に垂直な方向に発生する起電力 E は磁界の大きさに比例して増加するが,ある磁界の範囲で,その変化にもかかわらず,起電力が一定になる部分が点在する現象である.起電力一定の部分に磁界を固定し,そのときに測定できる $\frac{E}{I}$ が**量子ホール抵抗** R_H であり,(3.3) 式で表される.ここで,i は磁界の大きさで決まる既知の整数で,R_K は**フォン・クリッツィング定数**という.1980年に当時の西ドイツのフォン・クリッツィング(K. von Klitzing)がはじめてこの効果による抵抗標準実現を示したことによる.

$$R_H = \frac{R_K}{i} \quad (3.3)$$

一定値である K_J と R_K の値を決定するために,力学量との関係が極めて重要である.長年にわたり,3.4節に記述した様々な絶対測定の結果が検討され,1990年から $K_{J\text{-}90}$ および $R_{K\text{-}90}$ という表記のもと,これらの決定した値の定数を用いることにより,国際的に統一した電気標準が運用されている.

なお,ジョセフソン電圧標準と量子ホール抵抗標準の仕組みの詳細は巻末の付録Cに記してあるので,参考にされたい.

3.6 標準維持とトレーサビリティ

　現在，わが国の電気標準は最高レベルの**国家標準**としては，ジョセフソン電圧標準と量子ホール抵抗標準によって確立・維持されているが，これらの標準からディジタルマルチメータなどの計測器の校正を常時行いうるために，仲介の**標準維持器**が用いられる．電圧に対しては，以前はカドミウム標準電池であったが，取り扱いの容易さなどから，今はツェナーダイオードを定電圧源とした**ツェナー標準電圧発生器**が用いられる．一方，抵抗の方は，量子ホール抵抗標準が元々，電圧と電流の比を定義するものであって，抵抗器そのものでないことから，従来から抵抗標準器として用いられていた**マンガニン巻線標準抵抗器**が校正用の標準抵抗器として主に用いられている．図3.5 に電気標準維持の流れを示す．

　通常の電気計測器が最終的に国家標準とつながる体制を，経路をたどりうるの意味の**トレーサビリティ**（traceability）システムという．わが国では，途中に計測器メーカーの標準器，さらに上位の日本電気計器検定所などの標準器を介して，図3.6 に示すように，最上位の産業技術総合研究所の国家標準にたどりつく．国際間の整合性は各国間の国家標準の国際比較でチェックされる．

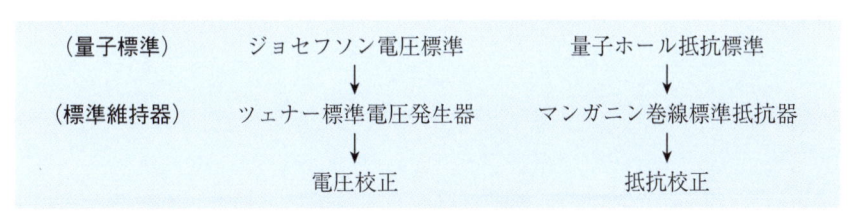

図3.5　電気標準の維持

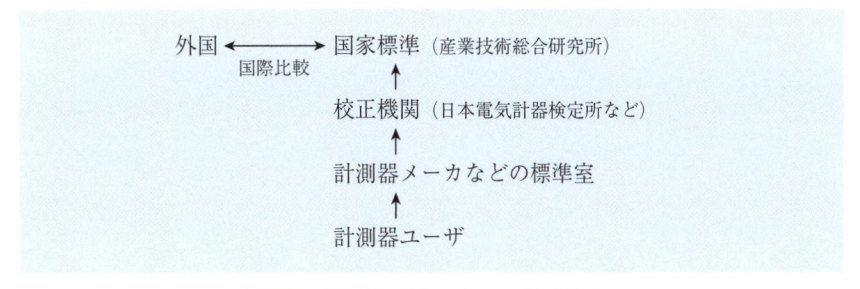

図3.6　電気計測器のトレーサビリティ

3章の問題

☐ **3.1** SI はどのような意味か．また，7 個の基本単位とは何か．

☐ **3.2** 電流の定義から，(3.1) 式を用いて，真空の透磁率 μ_0 が $4\pi \times 10^{-7}$ [H·m^{-1}] であることを導き出せ．表 **3.3** を参照せよ．

☐ **3.3** 現在の電気標準は何によって確立・維持されているか．

☐ **3.4** トレーサビリティとはどのようなことか述べよ．

第4章
電気計測器の変遷
——指示計器からアナログ計測器——

　今日のディジタル計測器を学ぶ前に，これまでの電気計測器の歴史を概観し，そこで中心的役割を果たしていた指示計器の種類や仕組みについて学ぶ．また，各種電気量測定に測定器がどのような組合せで用いられているかを見る．また，アナログ電子計測器とはどのようなものであるかを調べる．

■4章で学ぶ概念・キーワード
- 電気計測器の歴史
- 指示計器の種類と仕組み
- 電気量測定のための組合せ
- アナログ電子計測器

34　第 4 章　電気計測器の変遷 ——指示計器からアナログ計測器——

4.1　電気計測器の歴史

　電気計測の歴史はきわめて古く，ギリシャの哲学者タレス（紀元前 500 年頃）の**静電気**が有名であるが，まだ，定量的なものではなかった．しかし，この摩擦起電力，あるいはソクラテスの時代から知られていた磁石の吸引力などの，目には見えない不思議な力の解明の努力こそが，電気計測の歴史において貴重な行為であった．静電気の存在を知るための，いわゆる，ライデンびんを経て，18 世紀にカントン（英）たちによる**検電器**が電気計測器の原点であり，はじめて，ある種の定量的な電気計測実験を可能にした．また，19 世紀初頭のボルタによる電池の発明と，その後のゼーベック（独）の熱起電力現象の発見は，電圧や電流の概念を確定し，オーム（独）の法則の出現へとつながっていく．1831 年のファラデー（英）による**電磁誘導**の発見が電気計測の歴史上で最も重要な発見のひとつであるが，この大発見には検流計という測定器が不可欠であったことを忘れてはならない．微小電流の有無を知るための**ガルバノメータ**と称する計器はガルバーニ（伊）の研究を起点としているが，電気計測器の真珠といわれる，**ホイートストンブリッジ**の発明者ホイートストン（英）や，鏡検流計開発のケルビン卿（英）の貢献も大きい．この後，いわゆる，可動コイル形，可動鉄片形，電流力計形などの各種指示計器へと電気測定器の歴史は進み，さらに，ブリッジ回路や振動を利用したものからオシログラフへと発展していく．

　直流，低周波の電気量測定から始まった電気計測器の歴史も，19 世紀の後半から 20 世紀はじめに大きく変わる．ひとつは，ヘルツ（独）の電磁波の存在の実証とマルコーニ（伊）による無線通信の実験の成功であり，他方は，フレミング（英）によるエジソン（米）効果という整流作用の実現のための二極管の発明である．これらの発明により，世の中は一気に高周波領域とエレクトロニクス（電子工学）の計測分野，いわゆる電子計測へと進んでいく．第二次世界大戦をはさんだ時代から急速に発展した，レーダーを含むマイクロ波測定技術は同時に導波管などの独特の計測部品を出現させ，計測範囲は更に光の領域へと拡大していく．一方，二極管から出発した真空管は 20 世紀半ばに誕生したトランジスタに取って変わられる．その半導体技術は更に進化し，超小型，超高速，大容量というディジタル信号処理計測機器の世界を実現して今日に至っている．

4.2 指示計器の種類と特徴

指示計器とは電圧，電流，抵抗などの電気量を直接，指針などによりアナログ表示する電気計器である．ディジタル計測器が全盛の今日においても，指示計器は電気測定の原理を学ぶ上で重要な装置であるだけでなく，簡便で堅牢かつ無電源での使用が可能という利点を有するものが多いことから，産業界で広く用いられている．表4.1 に示すように，様々な指示計器があるが，次節で主要ないくつかの指示計器を取り上げ，その原理と用途を学ぶことにする．

指示計器を実際に取り扱う上で共通して知っておくべき点がある．それは，まず，計器の前面の指針が示すパネル内に必ず記されている小さな数字に注意することである．これは計器の測定能力を表す等級で，たとえば，2.5 と記されている場合は，この計器が計器の有効測定範囲の上限値（定格値という）の 2.5% の絶対的な不確かさを，計器の全ての測定範囲で有しているという意味である．この電流計器の定格値が 5 A の場合は，全ての範囲で $5 \times 0.025 = 0.125$ [A] の絶対的な不確かさがあることを示している．それゆえ，指示計器を用いる場合は指針ができるだけ定格値に近いところを示すように極力調整して測定することである．指針がゼロに近いところにある場合，その指示計器による測定は致命的な大きさの相対的な不確かさを有することになるからである．たとえば，上述の条件で，指針がゼロに近い，1.25 A を示している場合，その測定結果は 10% という大きな相対的な不確かさとなるので注意しなければならない．

表4.1　種々の指示計器

種類	動作原理と主な測定分野
可動コイル形	可動コイルと永久磁石との相互作用，直流用
可動鉄片形	可動鉄片と固定コイル磁界の相互作用，実効値指示，主に交流用
電流力計形	電流の流れている 2 つのコイル磁界の相互作用，交直両用，電力用
誘導形	固定コイル磁界と回転円盤の誘導渦電流の作用，電力量用
静電形	2 つの金属板間の電位差による静電吸引力，交直両用
整流形	整流素子の出力を可動コイル形で指示するもの，交流用
熱電形	測定電流による抵抗温度変化の熱電対出力利用，交直両用

4.3 主な指示計器の仕組み

ここでは，主な指示計器の構造と動作原理，および使用目的を紹介する．

最もよく用いられる指示計器は**可動コイル形指示計器**である．図4.1 にその概観を示す．構造は駆動装置，制御装置，制動装置からなり，基本的に指示計器はこの構造になっている．可動コイル形は永久磁石の磁界中に可動コイルを置き，そのコイルに流れる測定電流で発生するトルクを指針によって指示する．モーターの原理に似ているが，コイルが回転しないように制動バネでバランスをとり，測定電流の大きさに応じた角度に指針が静止することで測定値を定める．測定原理から基本的に直流電流用であるが，既知の安定した抵抗器を直列に指示計器に接続することによって直流電圧の測定も可能である．全般的に高感度が期待されている．とにかく，簡便な構造から，現在も広く利用されている．

一方，交流用としては，**可動鉄片形指示計器**を用いることが多い．一例として，図4.2 に反発形可動鉄片形を示す．これは固定されたコイルに流れる測定電流によって発生する磁界と指針を有する可動式の鉄片との相互作用を利用したもので，測定電流の実効値に対応した指針の角度の変化から測定値を得る．安価で堅牢ゆえ電力会社などの配電盤に多用されてきた．

2種類の電流を別々の2個のコイルに流し，それぞれのコイル磁界の間の相互作用により，結果的に2種類の電流の積の情報に応じた力を指針で示す，**電流力計形指示計器**がある．ある抵抗負荷の電力を知りたいときに，電力が電圧と電流の積であることから，電圧情報を電流に変換することにより，この計器の2電流の積の原理を利用して電力情報を得ることができる．図4.3 に電流力計形指示計器の原理図を示す．

■ 例題4.1 ■
なぜ可動コイル形では交流電流が測定できないのか．

【解答】 可動コイル形の原理は電流の方向も含めた大きさを示すので，正負に変化する交流電流では低周波では指針がゆっくりと左右にふれ，周波数が高くなると，構造的に電流の変化に追従できず，測定電流の大きさにかかわらず常に平均値であるゼロを示すことになるからである．

4.3 主な指示計器の仕組み

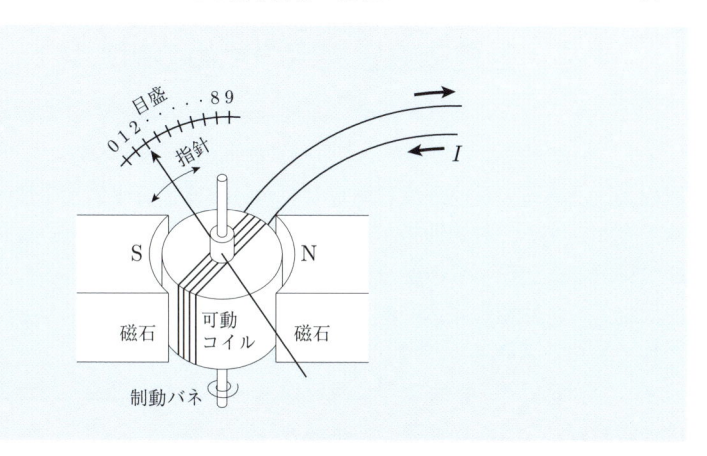

図4.1 可動コイル形指示計器の概観

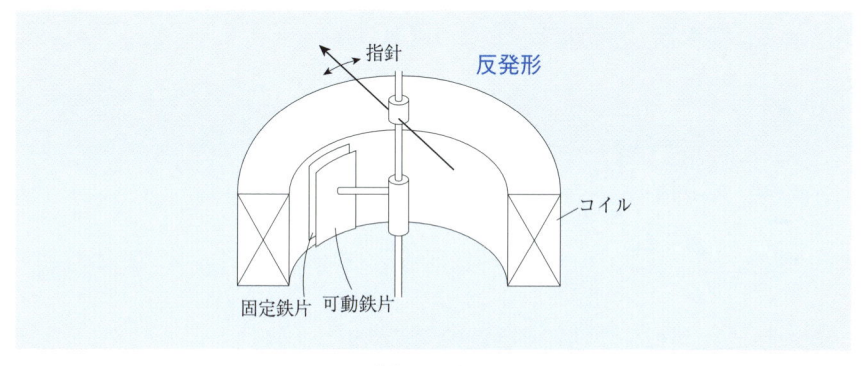

図4.2 可動鉄片形指示計器の構造

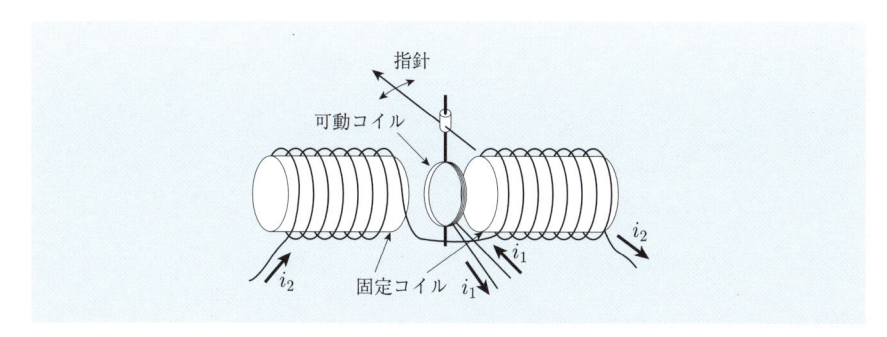

図4.3 電流力計形指示計器の原理図

4.4 各種電気量測定のための組合せ

これまで，直流電流は可動コイル形指示計器で測定すること多かった．

一方，交流電流は実効値表示の可動鉄片形指示計器があるが，比較的高い周波数の交流，あるいは高感度の測定などの目的に，交流信号を整流して可動コイル形で測定する，**整流形指示計器**と可動コイル形指示計器の組合せもある．同様の目的で，交流信号の熱を熱電変換素子を用いて起電力とし，可動コイル形で測定する，**熱電形指示計器**と可動コイル形指示計器の組合せによる測定が行われてきた．図4.4 にそれらの原理図を示す．

多くの指示計器の動作原理は電流が基本である．電圧入力の場合は既知の抵抗との組合せで電流に変換して用いることが多い．

また，指示計器は使用できる入力信号の大きさに制限がある．そこで，大電流あるいは高電圧の測定では**分流器**や**分圧器**により適当な大きさに変換して使用される．図4.5 に分流器と分圧器の原理を示す．

整流形計器と可動コイル形　　熱電形計器と可動コイル形

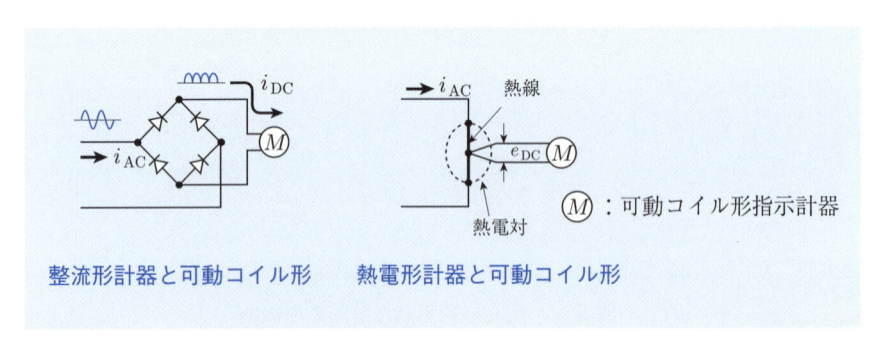

図4.4　整流形計器および熱電形計器と可動コイル形の組合せの原理図

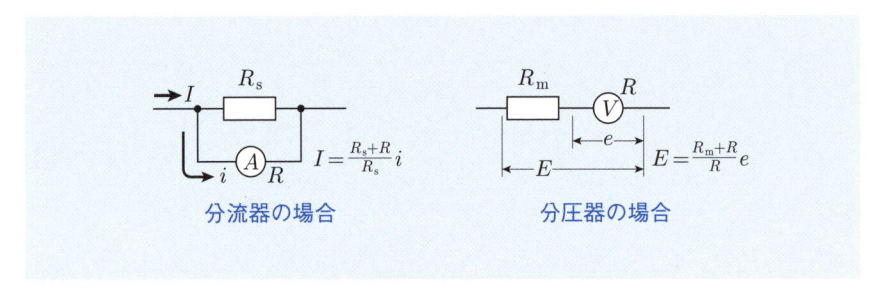

分流器の場合　$I = \frac{R_s + R}{R_s} i$　　分圧器の場合　$E = \frac{R_m + R}{R} e$

図4.5　分流器および分圧器の原理

分流器の入力電流と指示計器の電流の関係および分圧器の入力電圧と指示計器の電圧の関係はそれぞれ，(4.1) 式および (4.2) 式のようになる．

$$I = \frac{R_s + R}{R_s} \times i \tag{4.1}$$

$$E = \frac{R_m + R}{R} \times e \tag{4.2}$$

ここで，I は入力電流，i は指示計器の電流，R_s は分流器に用いる抵抗，R は指示計器の内部抵抗，また E は入力電圧，e は指示計器の電圧，R_m は分圧器に用いる抵抗である．

例題4.2

(4.1) 式を用いて，入力電流 101 A を指示計器で 1.01 A と表示するために分流器に用いる抵抗 R_s を求めよ．ただし，指示計器の内部抵抗 R は 3 Ω である．

【解答】 (4.1) 式より，$R_s = \frac{i}{I-i} \times R$ であるから，それぞれに数値を代入すると，$R_s = 30.3 \ [\mathrm{m\Omega}]$．

計測器の分野も電子工学の発展で，**演算増幅器（オペアンプ）**が広く普及し，測定器の主流が指示計器から**アナログ電子計測器**へと移行する．指示計器では電流が主体であったが，電子計測器になって，測定の主体は電圧へと移行する．直流，交流の電圧測定が基本となり，電流の測定は既知の抵抗を介して電圧に変換された後に測定される．抵抗の測定も図4.6 に示すように，既知の抵抗と一定電流を利用した電圧測定の形で行われる．

このようにして，測定器は現在のディジタル計測器全盛という時代の前に，指示計器からオペアンプ利用のアナログ電子計測器が広く普及する時代になる．

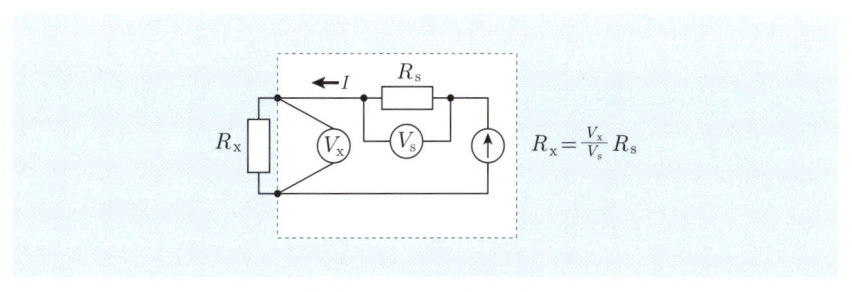

図4.6 抵抗測定の原理

4.5 アナログ電子計測器

指示計器は比較的安価で丈夫という部分はあるが，構造的に測定範囲が狭く，入力抵抗も小さいという点で不都合なことが多かった．この欠点を解消する測定器として，アナログ電子計測器が登場した．この出現には電子工学の技術が大きくかかわっている．入力抵抗が非常に高い $M\Omega$ レベルという**電界効果トランジスタ（FET）**を初段に用いた演算増幅器（オペアンプ）の出現である．これによって，測定対象の信号源抵抗の大きさを気にせずに電圧測定が可能となった．測定したい電気量である直流電圧，直流電流，交流電圧，交流電流，抵抗は全て，通常はアナログ量，すなわち，時間的に連続の値である．これらのアナログ電気量は，アナログ電子計測器では，全て直流電圧に変換されてから測定される．図4.7 にその入力変換部の模式図を示す．また，直流電流–直流電圧変換の原理を図4.8 に示す．

一方，抵抗–直流電圧変換の原理を図4.9 に示す．また，交流電圧は図4.10 のような交流電圧–直流電圧変換の原理によって，交流電流は図4.8 と同様の回路で交流電圧に変換された後，図4.10 の回路で直流電圧に変換される．

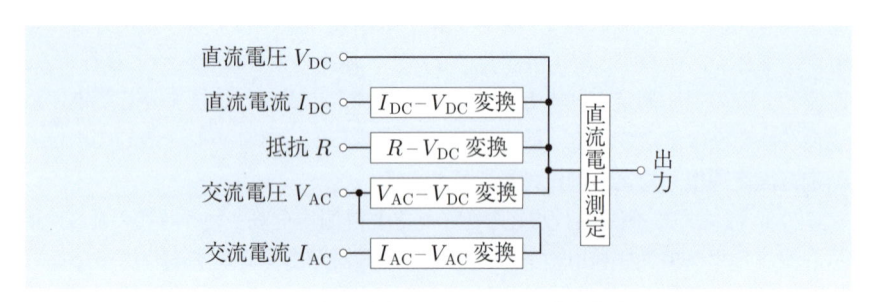

図4.7　アナログ電子計測器における入力変換部の模式図

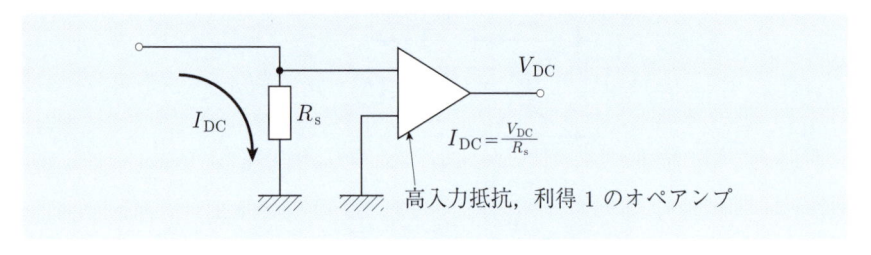

図4.8　直流電流–直流電圧変換の原理

増幅器の出力電圧は入力の電気量に対応し，たとえば，入力が抵抗なら出力も抵抗に値が変換されて表示される．

アナログ電子計測器はディジタル計測器の出現まで広く使用され，また，その主要な測定原理はディジタル計測器においても採用されている．

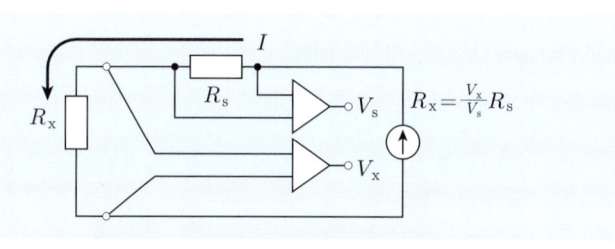

図4.9 抵抗–直流電圧変換の原理

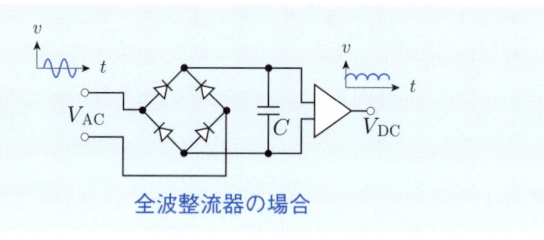

$$R_x = \frac{V_x}{V_s} R_s$$

全波整流器の場合

図4.10 交流電圧–直流電圧変換の原理

● **米粒真空管とトランジスタ** ●

今や真空管を見かけることは少ない．半導体に比べて，図体が大きくて電気を食うというイメージが固定化されているが，実は米粒より小さい真空管もあった．トランジスタがまだ完成度が低かった時代，真空管屋さんは頑張った．トランジスタに負けるなと．また，栄光の真空電子工学の時代は来るだろうか．

第 4 章　電気計測器の変遷　——指示計器からアナログ計測器——

4章の問題

☐ **4.1**　指示計器が今でも使用されている理由は何か．

☐ **4.2**　交流電流を指示計器で測定する場合，どのような方法があるか．3つの方法を答えなさい．

☐ **4.3**　指示計器からアナログ電子計測器に移行するための大きな転機になった内容は何か．

☐ **4.4**　アナログ電子計測器が指示計器と大きく異なる点は何か．

第5章

ディジタル計測器

　今日の計測器の主流をなす，ディジタル計測器の出現はその内部のデータ処理のためのCPU（中央処理装置）の存在が大きい．本来，ほとんどの入力情報はアナログ量であり，また，人間もアナログ量を理解する．そのような状況の中で，煩雑な計測手法を取り入れてまで，あえてディジタル信号の処理を行う動機はCPUによる圧倒的なデータ処理の機能を最大限に利用するためであった．本章ではアナログとディジタルの違い，ディジタルマルチメータの仕組み，ディジタル計測器の最も特徴的な部分の，アナログ–ディジタル（A/D）変換およびその逆のディジタル–アナログ（D/A）変換を中心に，ディジタル計測器を概観する．

■5章で学ぶ概念・キーワード
- アナログとディジタルの違い
- ディジタルマルチメータの仕組み
- アナログ–ディジタル変換の原理
- ディジタル–アナログ変換の原理

5.1 アナログとディジタルの違い

アナログ（analog）は元々，相似という意味で，計測の分野では，時間的に連続な信号をアナログ信号という．自然界の情報はほとんどがアナログ情報であり，一方，人間が認識できる情報もアナログ情報である．それゆえ，有史以来，およそ半世紀前までは世の中がアナログ情報のみであったのは当然である．

一方，**ディジタル**（digital）とは指（digit）の意味から派生した言葉で，離散的な数の表現を表す．特に，現在のディジタルコンピュータ（今は，単にコンピュータという）の演算処理が1と0の2種類の情報のみでの処理ゆえ，この手法を採用した**ディジタル計測**では従来の**アナログ計測**とは大きく異なる．

このようにコンピュータの出現が計測分野に大きな影響を及ぼした．また上述のように，元来，計測すべき量はアナログ量であり，計測結果を人間が認識する場合にもアナログ量であることが必要である．それゆえ，長年使用されてきたアナログ計測器の代わりにディジタル計測器を用いるためには計測の入出力プロセスにおいて，入力側にアナログ情報をディジタル信号に変換する部分を，また，出力側にディジタル信号をアナログ信号に変換する部分を付加しなければならない．図5.1 にディジタル計測の一連の流れのブロック図を示す．

この煩わしいシステム構成にもかかわらず，ディジタル計測器が，今日，圧倒的なシェアで広く用いられているのは，ひとえに，アナログ電子計測器と比較しても，格段に優れた演算機能や記憶機能を具備しており，それゆえに，今日の計測システムの大規模化に最適な手法といえるからである．

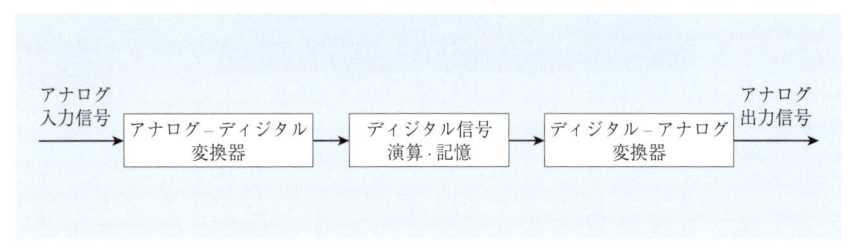

図5.1　ディジタル計測の一連の流れ

5.2 ディジタルマルチメータの仕組み

現在，電圧，電流，抵抗の測定に最もよく使われている**ディジタルマルチメータ**（digital multimeter）は，当初，電圧測定専用のディジタルボルトメータと呼ばれていたが，その後，電流，抵抗も測定可能な仕組みとして，「多様な」の意味のマルチの呼称で，現在の形態に至っている．ディジタルマルチメータは，この経緯からもわかるように，基本的には，4章で学んだ，アナログ電子計測器におけるデータ処理の仕組みと同じように，最終的には全て電圧情報として処理される．電流測定の場合は，既知抵抗を介して，電圧測定に変換して処理する．また，抵抗測定の場合は既知抵抗を直列接続し，そこに一定電流を流し，両抵抗の端子間電圧の比較測定から入力抵抗を求める．その結果により得られるアナログ電圧を**アナログ–ディジタル（A/D）変換**によってディジタル電圧化し，ディジタル演算処理により，高速かつ多様なディジタル情報とする．ディジタル信号のまま，ディジタル制御機器やコンピュータに接続し，様々な応用に用いることも可能である．しかし，最も一般的な使用目的はディジタルマルチメータのフロントパネルに人間が認識できるような形で測定結果を表示することである．そのため，このディジタルマルチメータ内部でディジタル信号を**ディジタル–アナログ（D/A）変換**し，もう一度アナログ信号化して，出力情報とする．この一連のデータ処理の流れを図5.2に示す．

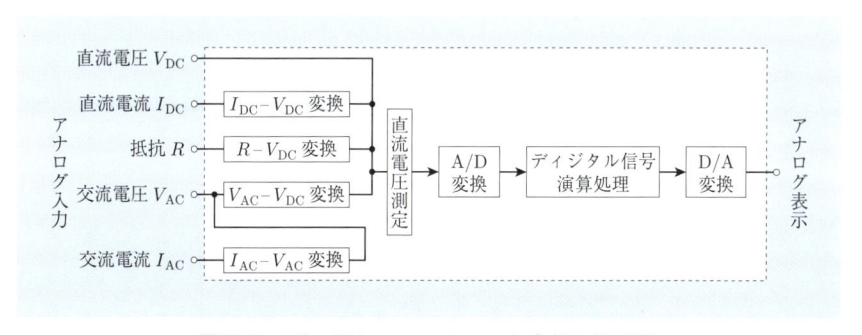

図5.2 ディジタルマルチメータ内部の模式図

5.3 アナログ−ディジタル（A/D）変換の原理

ここでは，ディジタル測定器に必須な，通常の入力情報であるアナログ電圧信号（時間的に連続の電圧量）をコンピュータなどで信号処理のできるディジタル電圧信号（離散的な 2 進法の電圧信号）に変換するプロセスについて学ぶ．

図5.3 に示すように，A/D 変換のプロセスは 3 種類ある．最初に，①**標本化（サンプリング）**，次に，②**量子化**，最後に，③**符号化**という信号処理が行われ，これによって，アナログ信号がディジタル信号に変換された．

最初の①標本化とは，連続したアナログ電圧信号において，図5.4 に示すように，横軸の信号の時間変化に関し，連続な時間の信号を等間隔の離散的な状態の信号にすることである．ただし，この時間間隔 Δt は，元々の入力情報を正しく伝えるために，$\Delta t \leqq \frac{1}{2f_\mathrm{m}}$ という条件を満たすことが必要である．この条件を**ナイキストのサンプリング定理**という．ここで，周波数 f_m はアナログ信号に含まれている最大周波数成分である．

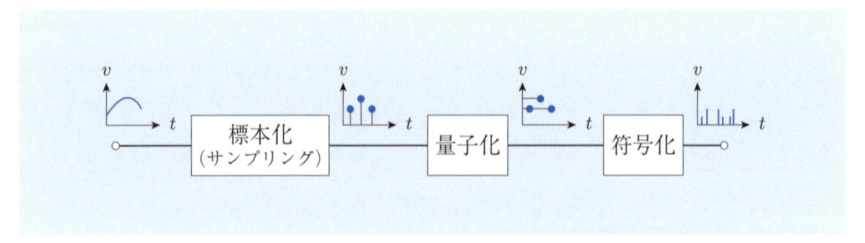

図5.3 アナログ−ディジタル（A/D）変換のプロセス

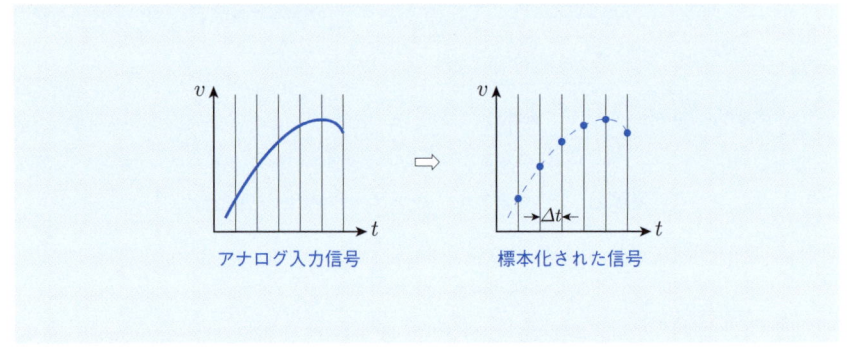

図5.4 アナログ−ディジタル（A/D）変換における標本化

5.3 アナログ–ディジタル（A/D）変換の原理

■ 例題5.1 ■
最大 5 kHz の周波数成分を含むアナログ信号を標本化するときの時間間隔 Δt は何秒以下である必要があるか．

【解答】 $\Delta t \leq \frac{1}{2f_m}$ において，最大周波数 $f_m = 5 \times 10^3$ [Hz] であるから，式の f_m に 5×10^3 を代入すると，$\Delta t \leq 10^{-4}$ [s] すなわち，100 μs 以下とする必要がある．■

標本化の次に，②量子化を行う．これは縦軸の連続的なアナログ電圧信号の大きさを有限桁の数に変換する，あるいは量子化ビット数ともいう，何段階かの数値で表現する操作である．これによってディジタル化が可能となる．ただし，この作業のために，連続的なアナログ量が離散的な量となることから，原理的に，最小桁の $\pm \frac{1}{2}$ の誤差を含むことになる．この誤差を**量子化誤差**あるいは**量子化雑音**ともいう．量子化作業により発生するあいまいさである．図5.5に量子化の原理を示す．

量子化の次の，最後の作業として，③符号化がある．標本化（サンプリング）と量子化によって得られたステップ状の信号において，時間的にとびとびの各位置における離散的な電圧信号を通常は 2 進法で表現し，各時刻におけるディジタル情報とする．たとえば，ある時刻で電圧信号が 6 V であれば，0110 と表現し，離散的な別の時刻で 13 V であれば，1101 と表現する．このようにして，ナイキストのサンプリング定理の条件を満たす時間間隔で，各時刻での離散的な電圧信号を 2 進法で表すことができ，ディジタル信号化が可能となる．符号化の様子を図5.6に示す．

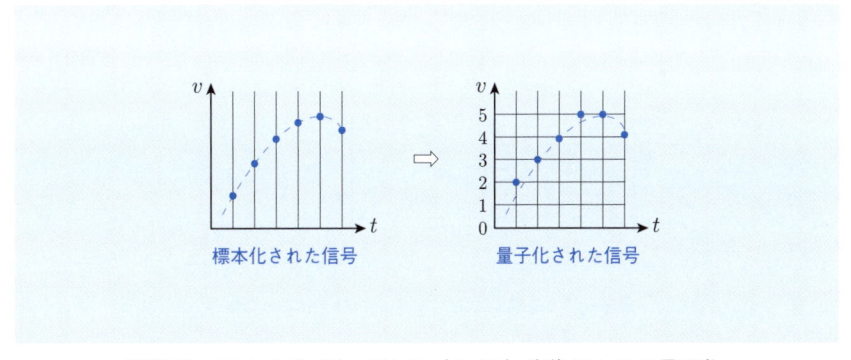

図5.5 アナログ–ディジタル（**A/D**）変換における量子化

これまで述べた，アナログ–ディジタル（A/D）変換のプロセスを具体化したものとして，種々の手法によるアナログ–ディジタル（A/D）変換器がある．

変換速度で分類してみると，まず，変換速度が 10 ms～100 ms 程度の比較的変換速度の遅い，2 重積分形などの積分方式がある．このタイプは低速だが，高分解能が期待できる．通常のディジタルマルチメータはこの方式を内蔵したものが多い．次に，変換速度が数 μs～数百 μs の中速変換器である逐次比較形という方式があり，マイコンなどで使用される．さらに高速の数 ns～数百 ns の変換速度のフラッシュ形といわれる並列比較方式があり，これらは高速変換が要求されるビデオ信号取り込みなどに用いられる．

ここでは，ディジタルマルチメータに多用されている，デュアルスロープ方式という，2 重積分形アナログ–ディジタル（A/D）変換器の具体的な動作について述べる．

図5.7 にこの変換回路の構成とその動作原理を示す．

変換回路は 2 つの入力端子と切り替えスイッチ，演算増幅器を用いた CR 積分回路，比較器，制御回路，クロックパルス発生器とカウンタで構成される．

はじめに測定電圧 V_x の積分が一定時間行われ，その間のカウンタでのクロックパルス数 N_1 が記憶される．次に入力スイッチが標準電圧（$-V_s$）側に切り替わり，逆方向への積分が始まる．この積分は最初の状態の積分回路の出力 0 まで行われ，その時点までのクロックパルス数 N_2 が得られるので，測定電圧 V_x，標準電圧（$-V_s$），それぞれのクロックパルス数 N_1，N_2 の間に以下の関係を得る．N_1 と V_s が既知ゆえ，V_x はパルス数 N_2 で表すことができる．

$$V_x = \frac{N_2}{N_1} V_s = k N_2 \quad (k \text{ は係数})$$

V_x'（$V_x' > V_x$）のときは，V_x' に比例したパルス数 N_3 となることがわかる．

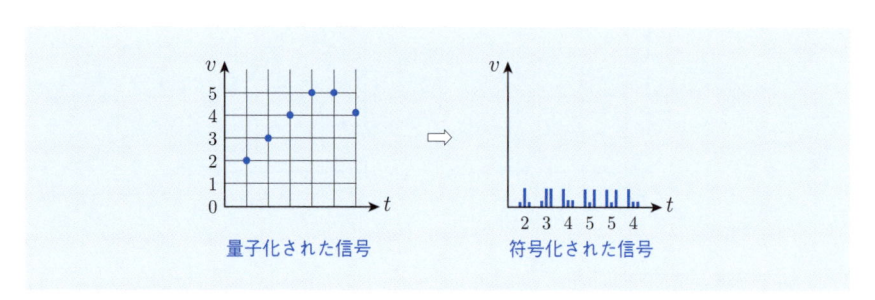

図5.6　アナログ–ディジタル（A/D）変換における符号化

5.3 アナログ–ディジタル（A/D）変換の原理

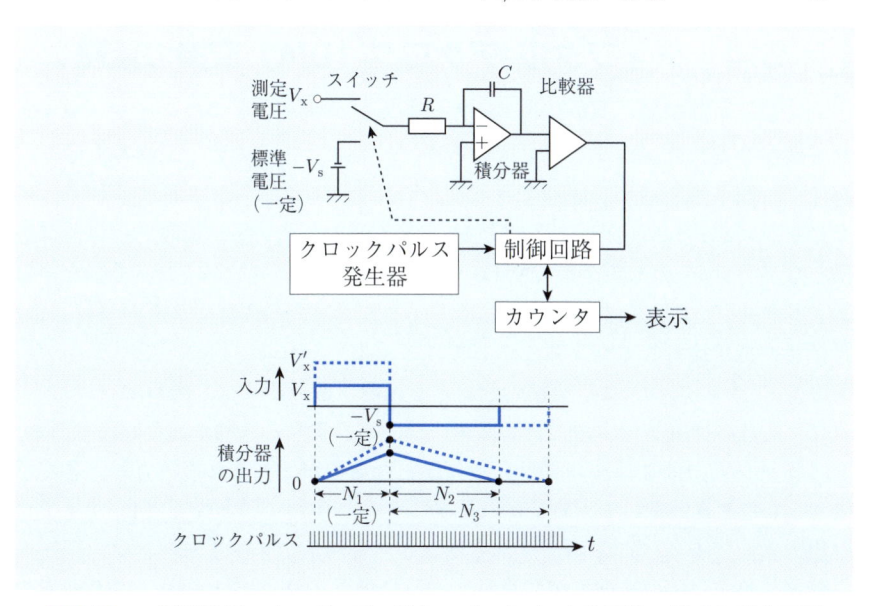

図5.7 2重積分形アナログ–ディジタル（A/D）変換回路の構成と動作原理

5.4 ディジタル–アナログ（D/A）変換の原理

ディジタル計測器において得られた計測結果のディジタル信号はディジタル制御機器などに直接送ることもできるが，一般には，そのディジタル計測器内部で，人間が測定結果を認識できるように，アナログ信号に変換する作業，すなわち，ディジタル–アナログ（D/A）変換が行われている．原理的には既に説明したアナログ–ディジタル（A/D）変換の逆のプロセスであるが，そのためのディジタル–アナログ（D/A）変換の手法として，たとえば，ラダー（はしご）抵抗形や抵抗比形などがある．ここではよく用いられる，ラダー抵抗形のディジタル–アナログ（D/A）変換の仕組みを説明する．これは，図5.8 に示すように，複数の抵抗 R と抵抗 $2R$ により，はしごのように構成された回路である．ディジタル入力は 2 進法のビット数に応じた端子がそれぞれ接続され，各端子とも，1 のときは電圧 V_s [V]，0 のときはアース（0 [V]）となる．V_o がアナログ出力電圧である．この回路はよく見ると，各端子がアースのときは，両端から順に，抵抗 $2R$ の並列接続であり，それは抵抗 R と等価となり，これが次の抵抗 R と直列接続され，抵抗 $2R$ となって，同様のことを繰り返す仕組みの回路であることがわかる．

この回路で，1 と 0 のディジタル入力信号がアナログ出力信号となることを 3 ビットのディジタル信号の場合について具体的に見てみる．

3 ビットのディジタル信号が，アナログ信号 4（$= 2^2$）に該当する，100 の場合の実際のラダー抵抗回路は 図5.9 (a) のようになる．これを整理すると，図5.9 (b) のように簡単になり，結局，アナログ出力 V_o は $\frac{V_s}{3}$（$= \frac{4V_s}{12}$）となる．一方，アナログ信号 $1 = 2^0$ に該当する，001 の場合の実際のラダー抵抗回路は 図5.10 (a) のようになる．これは整理すると，図5.10 (b) のようになる．その結果，出力 V_o は $\frac{V_s}{12}$ となり，これはちょうどディジタル入力信号 100 のときのアナログ出力の $\frac{1}{4}$ となっていることから，ディジタル入力を忠実にアナログ出力に変換していることがわかる．そのほかのディジタル入力も同様に求めることができる．

5.4 ディジタル–アナログ（D/A）変換の原理

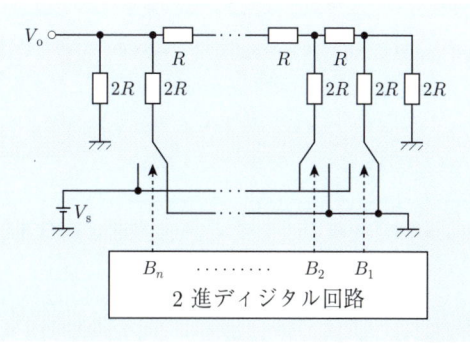

図5.8 ラダー抵抗形のディジタル–アナログ（D/A）変換の仕組み

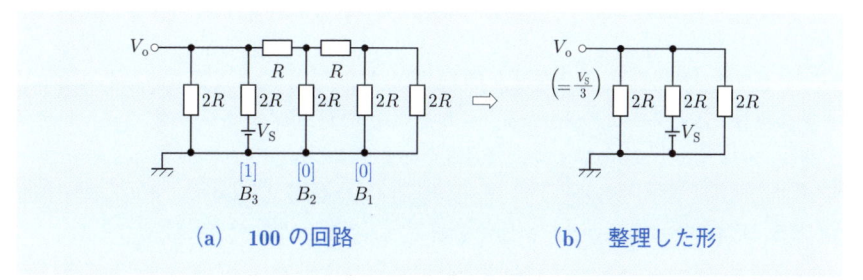

(a) 100 の回路　　　(b) 整理した形

図5.9 3 ビットで 100 の場合の回路 (a) と整理した形 (b)

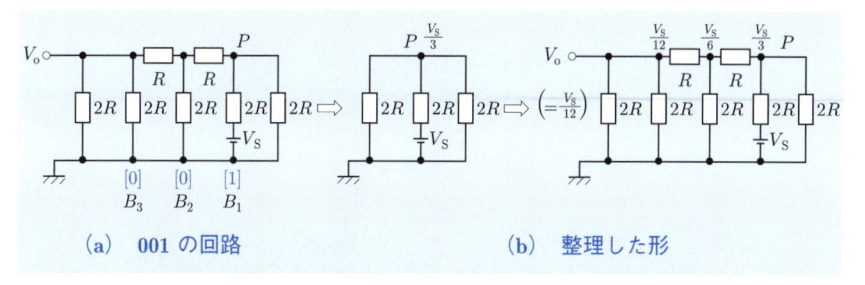

(a) 001 の回路　　　(b) 整理した形

図5.10 3 ビットで 001 の場合の回路 (a) と整理した形 (b)

例題5.2

3 ビットのラダー抵抗形 D/A 変換回路で,各端子のディジタル信号が 1 のときに電圧 V_s,0 のときに電圧 0 であるとすると,ディジタル入力 101 で,アナログ出力電圧 V_o は $\frac{5}{12}V_s$ となる.そうなることを検証せよ.また,ディジタル入力が 111 の場合は V_o はいくらになるか計算せよ.

【解答】 ディジタル入力 101 の場合のラダー抵抗形回路は図5.11 のようになる.電気回路で習得した「重ね合わせの理」より,ディジタル入力 101 は 100 と 001 の組合せで求めることができる.すなわち,この節の本文中で,100 では V_o は $\frac{V_s}{3}$,001 では V_o は $\frac{V_s}{12}$ となることが説明されているので,101 では V_o は $\frac{V_s}{3} + \frac{V_s}{12}$,すなわち,$\frac{5V_s}{12}$ ということになる.実際,2 進法での 101 はアナログ表示の 5 であるから,アナログ表示での 1 が 2 進法表示の 001 で,この場合,それが $\frac{1}{12}V_s$ のアナログ出力電圧ゆえ,その 5 倍の $\frac{5}{12}V_s$ は正しくディジタル–アナログ変換されていることがわかる.

ディジタル入力が 111 の場合は,上の説明から,ディジタル入力 100 と 010 と 001 を重ね合わせるとよいことがわかる.100 と 001 は既に求めてあるので,ここではディジタル入力 010 のときのアナログ出力電圧をまず求める.

ディジタル入力 010 の場合のラダー抵抗形回路は図5.12 (a) で,その整理した形は図5.12 (b) となる.ゆえに,回路を解くとアナログ出力 V_o は $\frac{V_s}{6}$ となる.

この結果,ディジタル入力 111 は 100,010,001 の重ね合わせゆえ,これまでの結果から,このアナログ出力 V_o は,$\frac{5}{12}V_s$ と $\frac{V_s}{6}$ の和,$\frac{7}{12}V_s$.■

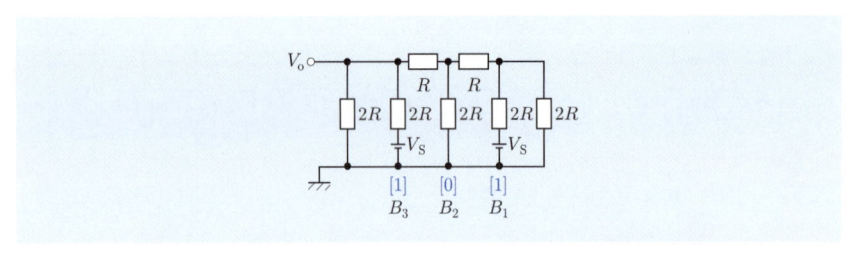

図5.11 3 ビットでディジタル入力 101 の場合の回路

5.4 ディジタル–アナログ (D/A) 変換の原理

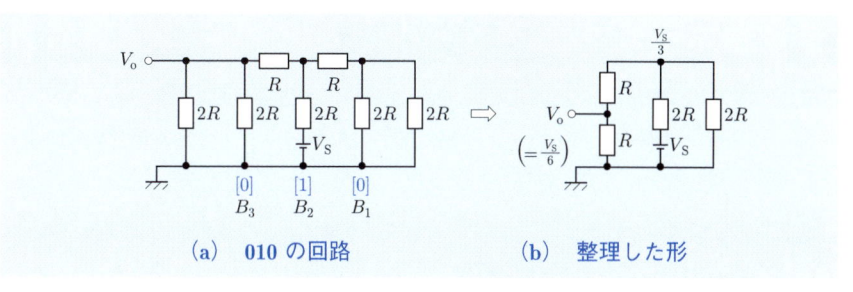

(a) 010 の回路

(b) 整理した形

図5.12 3 ビットでディジタル入力 010 の場合の回路 (a) と整理した形 (b)

● アナログとディジタルの融合——ハイブリッド！ ●

　短針，長針に秒針も付いたアナログ腕時計と時刻を正確に数字で表示するディジタル時計．人間にとって，使い勝手がよいのはどちら？　自動車のスピードメータも同じで，目的に応じてどちらの表現も有用．となると，同時に両方の表示ができるものを期待するのが人間の心理．

　それに応えたのがアナログとディジタルのハイブリッド (hybrid)．電圧などの計測結果の時間変化を表示するハイブリッド記録計は前面パネルに，刻々と正確な測定結果を数字で記録していくと同時にその時間変化のグラフも表示される．ある時刻の正確なデータはディジタル表現の記録から，全体の記録の時間変化はアナログ表現のグラフからと同一ディスプレイでマルチ情報を入手できる．どちらにしても，この表示のために測定器内部の最終部分でディジタル–アナログ変換がなされている．この変換の前のディジタル信号は直接パソコンに接続されてデータの記憶や処理も可能となる．ディジタル計測器は日進月歩である．

5章の問題

☐ **5.1** 自然界の情報は通常，時間的に連続なアナログ情報であるにもかかわらず，現在の電気電子計測手法の主流は，時間に関して離散的なディジタル信号処理となっている理由を述べよ．

☐ **5.2** ディジタルマルチメータでは交流電圧，直流電流，交流電流および抵抗も，すべての入力情報は最終的に直流電圧として信号処理される理由を述べよ．

☐ **5.3** アナログ−ディジタル（A/D）変換ではアナログ入力信号を3つのプロセスによりディジタル信号に変換して情報処理される．その3つのプロセスとはどのようなものか説明せよ．

☐ **5.4** ディジタルマルチメータでは，A/D変換に2重積分形A/D変換回路を用いることが多い．今，この回路で，入力電圧が 3.5 V のとき，カウンタのパルス数が125であったとすると，入力電圧が 2.8 V のときはパルス数はいくらになるか．

☐ **5.5** ディジタルマルチメータのディジタル−アナログ（D/A）変換にラダー抵抗形回路を用いることは多い．今，4ビットのラダー抵抗形回路で，ディジタル入力信号が1001のとき，下図のようになった．このときの出力アナログ信号 V_o はいくらになるか計算せよ．

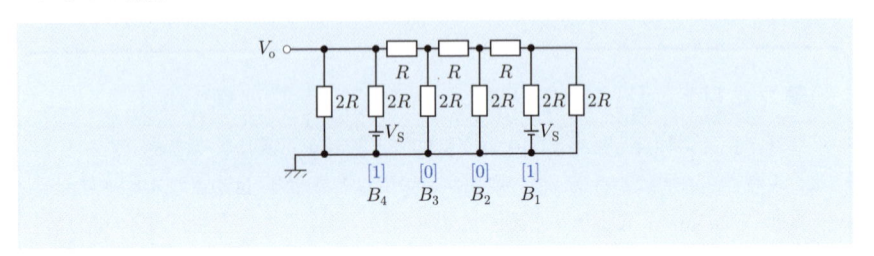

第6章

電圧・電流測定 I
―― 通常の大きさの測定 ――

　電圧あるいは電流の測定は電気電子計測において最も基本的で重要な内容ゆえ，本書では，6章と7章の2章にわたって，電圧と電流の測定について学ぶ．

　本章では通常の大きさの電圧および電流の測定について考える．通常の大きさの測定とは，周波数に関していえば，直流および数 Hz から数百 kHz の周波数での交流で，その大きさが $10\,\mu\mathrm{V} \sim 1\,\mathrm{kV}$ 程度の電圧範囲および $100\,\mu\mathrm{A} \sim$ 数 A 程度の電流範囲である．すなわち，市販のディジタルマルチメータの電圧レンジあるいは電流レンジでの測定が可能な範囲を意味している．

　まず最初に，電圧および電流の測定範囲を示す．次に電圧および電流の測定原理を説明する．その後，ディジタルマルチメータによる電圧および電流の測定法と測定時の注意点を述べる．

■ 6章で学ぶ概念・キーワード
- 電圧・電流の測定範囲
- 電圧・電流の測定原理
- 通常の大きさの電圧測定法
- 通常の大きさの電流測定法

6.1 電圧・電流の測定範囲——大きさと周波数

測定する電圧・電流には直流と交流がある．直流電圧・電流は時間変化がないゆえ，その大きさのみを考えるとよい．①通常の大きさの電圧・電流，②高電圧・大電流，③微小電圧・電流に分けて考える．この①の「通常の大きさ」は用いる測定器によって異なるが，市販のディジタルマルチメータの場合，一般に，電圧でいえば，$10\,\mu\mathrm{V}$ 程度から $1\,\mathrm{kV}$ 程度，電流では $100\,\mu\mathrm{A}$ 程度から数 A 程度と考えてよい．

一方，交流電圧・電流の場合は，大きさのみならず，周波数が関係してくる．最もよく測定対象となる周波数が商用周波数といわれるものである．これは家庭などに送られてくる電力会社からの電圧・電流の周波数で，東日本で $50\,\mathrm{Hz}$，西日本で $60\,\mathrm{Hz}$ である．

さらに，商用周波数より高い周波数における電圧・電流の測定もある．周波数が数百 kHz 以下では，測定に細心の注意が必要であるが，電圧・電流という概念でのディジタルマルチメータでの測定が可能である．

より高い周波数，たとえば，MHz 帯や GHz 帯の高周波・マイクロ波と称する電波の領域になると，個々の電圧・電流という概念の測定は困難になり，特殊な方法を使うことになる．

一方，測定する機会は少ないが，商用周波数より低い，数 Hz から $40\,\mathrm{Hz}$ 程度の交流もディジタルマルチメータでの測定が可能であるが，それ以下の，いわゆる超低周波の信号の場合はその特性にあった測定法が必要となる．

なお，本書では交流測定における電圧電流波形は，ほとんどの場合に用いられている正弦波に限定して考えることにする．

図6.1 に電圧の測定範囲，図6.2 に電流の測定範囲を示す．

この 6 章では，最も一般的な電圧・電流領域で，市販のディジタルマルチメータで測定できる範囲，すなわち，電圧測定では図6.1 の [I] の範囲，電流測定では図6.2 の [I] の範囲について考える．

なお，図6.1 および図6.2 における [I] 以外の領域の測定法については 7 章で詳しく取り扱うことにする．

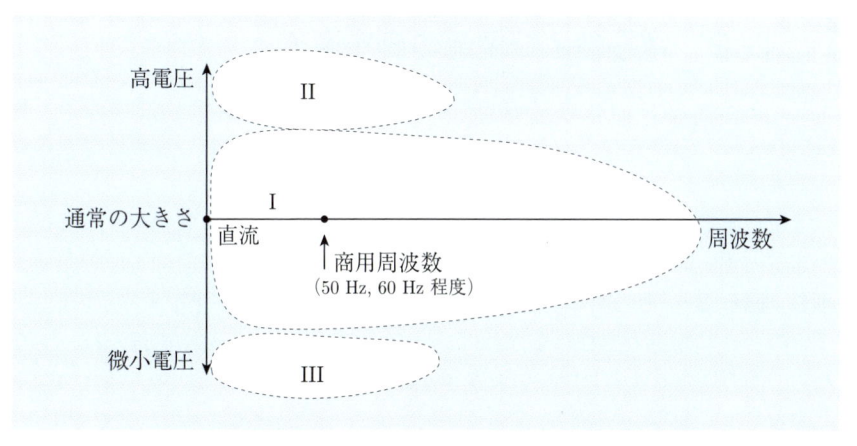

6.1 電圧・電流の測定範囲 —— 大きさと周波数　　**57**

図6.1　電圧測定における電圧の大きさと周波数の範囲

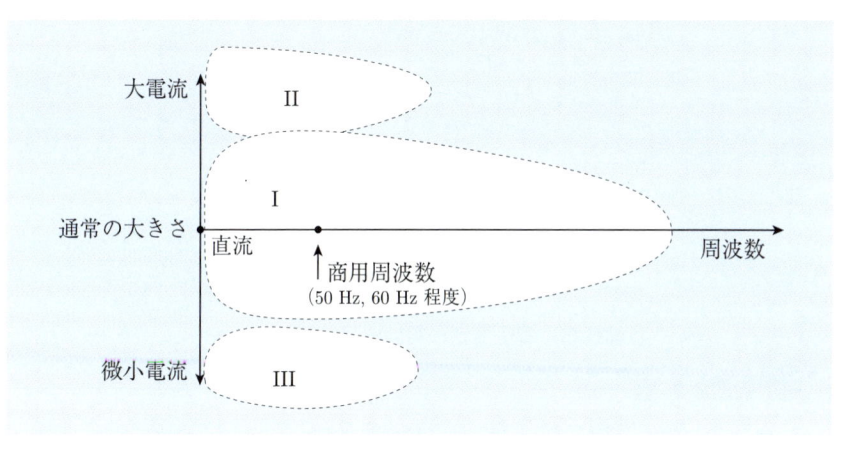

図6.2　電流測定における電流の大きさと周波数の範囲

6.2 電圧および電流の測定原理

ディジタルマルチメータで測定する場合には，全ての電気量が直流電圧に変換されて信号処理されることから，今日の電気電子計測において電圧測定は最も重要である．

電圧の測定には2種類の電圧の状態の測定，すなわち，(a) 電池のような電源の起電力測定および (b) 負荷に電流が供給されて発生する端子間電圧の測定がある．図6.3 にその際の電圧測定に用いる電圧計の接続法を示す．

このときに測定上注意しなければいけないことは，電圧計の内部抵抗，すなわち，この場合では入力抵抗の大きさである．入力抵抗が小さいと，(a) の起電力測定では，電池から流れる電流量が大きくなり，電池起電力の状態を変える．また，(b) の端子間電圧測定では，端子間電圧が大きく変化することがある．

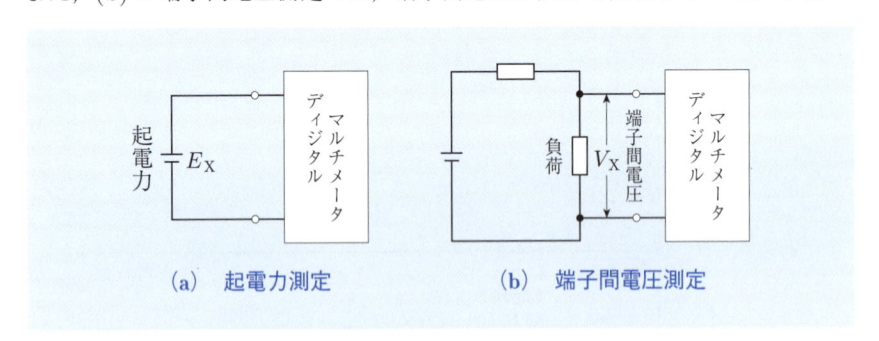

図6.3 電圧測定に用いる電圧計の接続法

例題6.1

図6.4 の端子間電圧の電圧計の接続による真値からの減少率を求めよ．供給電流は不変とする．

【解答】 負荷 $1\,\mathrm{k\Omega}$ に供給電流 $1\,\mathrm{mA}$ で端子間電圧の真値は $1\,\mathrm{V}$，しかし，内部抵抗 $4\,\mathrm{k\Omega}$ の電圧計が接続されると，負荷と内部抵抗の並列抵抗 $800\,\Omega$ となるので，測定時の端子間電圧は $0.8\,\mathrm{V}$ を表示．ゆえに，真値の 20%減となる．

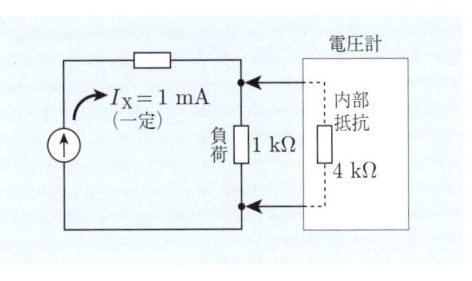

図6.4

6.2 電圧および電流の測定原理

電流測定の場合は，4章で紹介した可動コイル形の指示計器を利用すると電流を直接測定することになるが，近年では被測定電流を電圧に変換して測定するディジタルマルチメータが主流である．図6.5 に電流測定に用いる測定器の接続法を示す．

図6.5 (a) は従来の可動コイル形指示計器（電流計）を用いた場合，図6.5 (b) はディジタルマルチメータ内の既知の抵抗器に被測定電流を流し，抵抗の端子間電圧を測定するものである．この場合，オームの法則を用いて，測定電圧と既知抵抗から電流を求めて表示する．

交流電圧あるいは電流の場合は図6.6 に示すように，ダイオードを用いた整流器がディジタルマルチメータ内に用意されていて，近年はこれによって，交流電圧あるいは電流を整流して直流電圧または電流に変換し，電流はさらに直流電圧の形で測定された後に演算処理されることが普通である．

静電形による交流の直接測定，あるいは熱電形による**交流–直流比較**もあるが特殊なケースである．

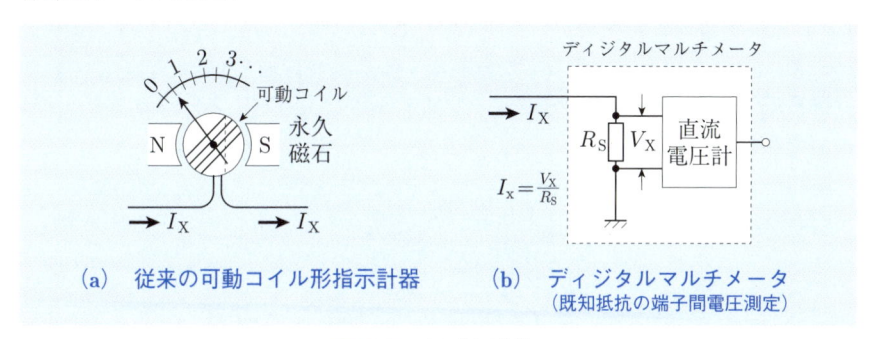

(a) 従来の可動コイル形指示計器　　(b) ディジタルマルチメータ
（既知抵抗の端子間電圧測定）

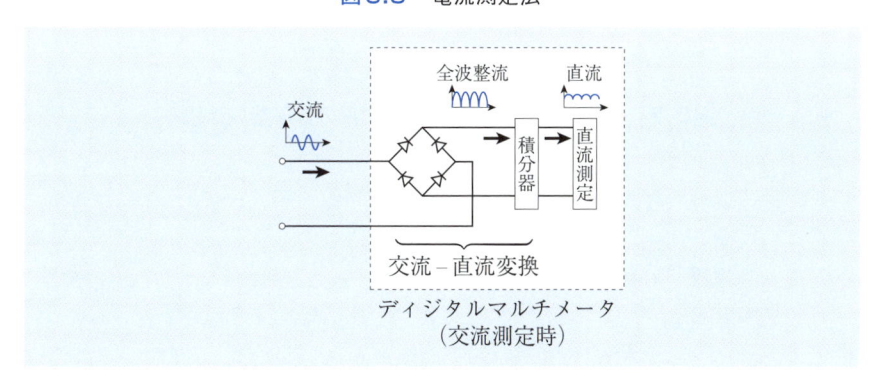

図6.5　電流測定法

図6.6　ディジタルマルチメータにおける交流電圧・電流の測定の仕組み

6.3 通常の大きさの電圧測定法

今日では，通常の大きさの電圧は直流，交流ともに，ディジタルマルチメータを用いて測定することがほとんどである．

とはいえ，その電圧の大きさの範囲は 1 mV から 1 kV と 6 桁という広がりであり，ディジタルマルチメータの初段の演算増幅器の動特性範囲をはるかに超えるものである．

そこで，ディジタルマルチメータ内部には，その増幅器の前段に分圧器を用意し，その部分で次段の増幅器が対応できる適当な大きさの電圧に分圧される仕組みになっている．一例を 図6.7 に示す．

この操作はフロントパネルのレンジを切り替えることによって調整するが，現在の測定器にはオートレンジという自動的に入力の大きさを検知し，最適な状態にする機能を有しているものが多い．

交流電圧の場合，整流器の特性から，通常は整流器の入力部分での大きさが 1 V 以上であることが望ましい．ゆえに，それ以下の小さい交流入力電圧の場合は最初に交流増幅器で増幅してから整流することが普通である．

図6.8 にディジタルマルチメータによる小さな交流電圧入力時の測定の流れの概略を示す．

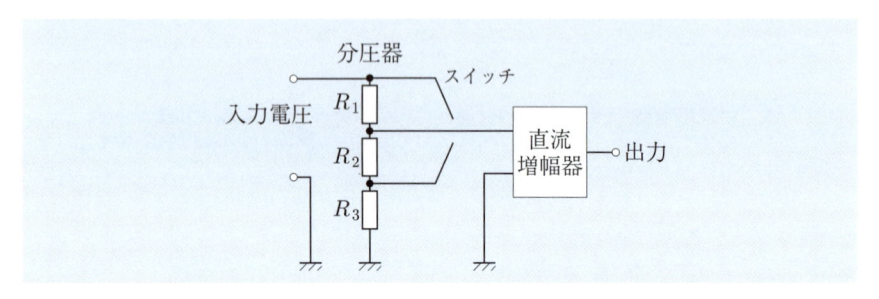

図6.7　ディジタルマルチメータ内部の分圧器の仕組み

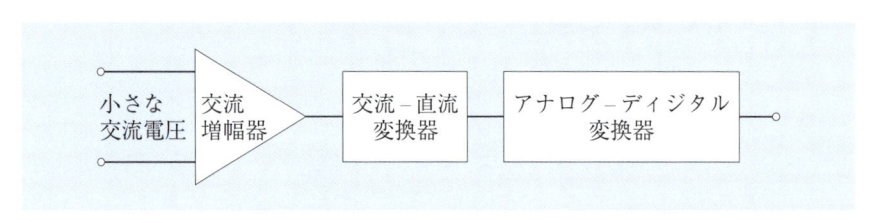

図6.8　ディジタルマルチメータによる小さな交流電圧の測定の流れ

6.3 通常の大きさの電圧測定法

■ 例題6.2 ■

交流電圧測定ではディジタルマルチメータに内蔵されたダイオードを用いた整流器で整流して直流電圧に変換し，最終的には直流電圧として測定するが，6.3 節で述べられているように，おおむね 1 V 以下の小さな交流入力電圧の場合は，最初に交流増幅器で増幅してから整流する．この理由について述べよ．
ヒント：ダイオードの電流–電圧特性を考えてみる．

【解答】 ダイオードの電流–電圧特性を図6.9に示す．この図から，正側は印加電圧とともに電流が増加し，負側は電圧を加えても電流が流れないことがわかる．これによって，整流機能を得ることができる．

しかし，厳密に見ると，ゼロ付近ではある位置までは電圧が増加しても電流が比例して大きくならない部分がある．

シリコンダイオードではそれが約 600 mV である．これを避けるために，約 1 V 以下の小さな交流電圧の場合はまず交流増幅器で増幅してから整流する．

ゼロ付近の特性のできる原因はダイオードを構成する p 型半導体と n 型半導体の接合部分の空乏層と呼ばれる電気的に中性の領域の存在による．この空乏層がある程度の電圧が加わらないとキャリアの移動ができないように妨げているので，このようなゼロ付近の特性になる．

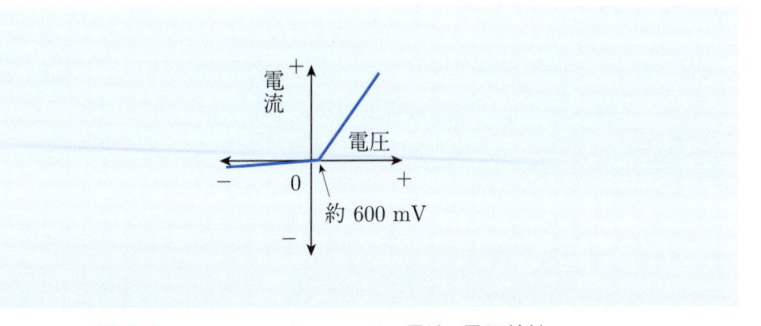

図6.9　シリコンダイオードの電流–電圧特性

6.4 通常の大きさの電流測定法

電流も電圧と同じで，通常の大きさの測定とはいえ，数 $100\,\mu\text{A}$ から数 A まで，5 桁程度の幅があって，何の前処理もせずに，全ての大きさに対応することはできない．そこで，電流の場合はディジタルマルチメータの内部に分流器を用意して，次段の演算増幅器が適正な値で正常に働くようにする．

図6.10 にディジタルマルチメータ内部の分流器の仕組みの一例を示す．

分流器の構成は電圧の場合と異なり，分流器のある一つの抵抗に電流が流れたときに，その抵抗器の端子間電圧を測定することで，電圧測定に変換される．

すなわち，入力電流が小さい場合はスイッチを切り替えて，分流器の大きな抵抗器に流れるようにすることで，適当な大きさの電圧入力に変換される．また，大きな入力電流の場合は分流器の小さな抵抗器に流れるようにスイッチを切り替え，やはり適当な大きさの電圧入力とする．

分流器の抵抗器の値は既知であるから，電圧入力の大きさがわかると，結果的に，そのときの入力電流が求められる．

直流電流測定の場合はこの方法を用いることで，ディジタルマルチメータにより測定できる．

交流電流測定の場合は，直流電流のときと同じく，最初にディジタルマルチメータ内部の抵抗分流器で交流電流を適当な大きさの交流電圧とする．

次に，交流電圧の場合と同じプロセスで，整流器によって交流–直流変換し，最終的に直流電圧として演算処理される．

図6.11 に交流電流測定の場合のディジタルマルチメータ内部の一連の測定プロセスのブロック図を示す．

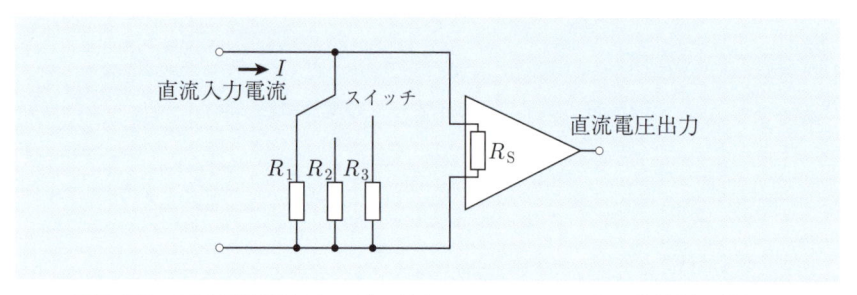

図6.10　直流電流測定時のディジタルマルチメータ内の分流器の仕組み

6.4 通常の大きさの電流測定法

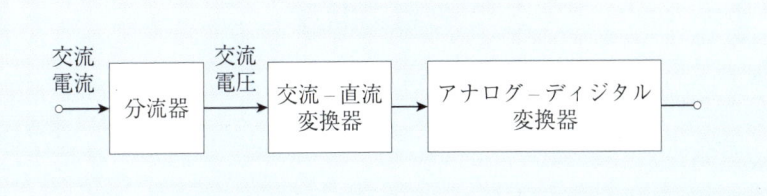

図6.11 交流電流測定の場合のディジタルマルチメータ内部の測定プロセス

● 百年前には「おいおい」？ ●

　電気の技術は明治時代に西欧から大量に入ってきて，英語の表現を日本語で表す必要が生じた．最初は現在使っている言葉と違っているものが多い．

　たとえば，明治20年ころの学術論文を見ると，直流「direct current」は直通電流，交流「alternating current」は交互電流とか交番電流と書かれている．しかし，明治40年ころの電気専門雑誌の記事では既に今日と同じ，直流，交流という単語が使われていた．

　当時の最新の電気応用技術である電話の場合も，通話の最初の問いかけ「hello」は，今のような「もしもし」ではなくて，なんと，「おいおい」！？

6章の問題

6.1 入力抵抗 R_{IN} が $10\,\mathrm{M\Omega}$ のディジタルマルチメータで下図のような回路の抵抗 R_L が $500\,\mathrm{k\Omega}$ のときの端子間電圧を測定したところ，V_m であった．測定器をつながないときの真の端子間電圧は V_0 である．この場合，測定器をつなぐことによって，測定値 V_m は真値 V_0 より，何%減少した値となるか．

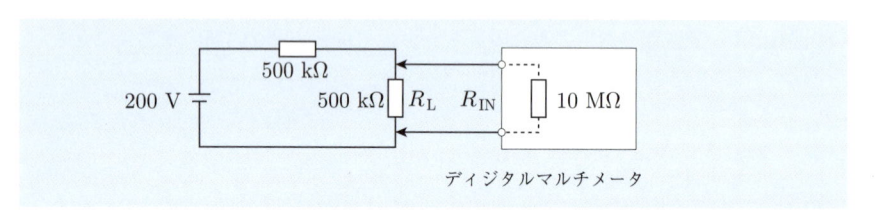

6.2 市販の安価な電圧測定用指示計器と精密級のディジタルマルチメータで同じ電圧をほとんど同じときに測定した場合に違った値を示したとしたら，考えられる原因は何か．

6.3 交流から直流に変換するときに最もよく使用される4個のダイオードを用いた全波整流での出力は本文中の図6.6 にもあるように，よく見ると厳密な意味で直流ではないが，これを直流とみなして直流測定を進めるのは実際にもよくあることである．それはなぜか．

6.4 ディジタルマルチメータで最大 $1\,\mathrm{mA}$ の直流電流を測定するときに，分流器を用いて，初段の直流電圧器の最大電圧が $10\,\mathrm{mV}$ となるようにするには，分流器の抵抗は何 Ω か．ただし，増幅器の入力抵抗は $10\,\mathrm{M\Omega}$ である．本文中の図6.10 を参照せよ．同じ条件で最大 $10\,\mathrm{mA}$ のときは分流器は何 Ω か．

第7章

電圧・電流測定 II
——特殊な大きさの測定——

　この章では，前の6章で説明したディジタルマルチメータを直接用いた測定では困難な電圧，電流の測定について学ぶ．すなわち，非常に大きな電圧や電流，逆に非常に小さな電圧や電流の測定法について考える．

　また，その他の電位差計や真空熱電対などによる，特殊な電圧，電流の測定法を紹介する．

■ 7章で学ぶ概念・キーワード
- 高電圧測定法
- 大電流測定法
- 微小電圧・電流測定法
- その他の特殊な電圧・電流測定法

7.1 高電圧測定法

1 kV 以上の電圧をディジタルマルチメータで直接測ることは難しい．また，危険な場合もある．そこで，高電圧測定について，直流高電圧と交流高電圧に分けて紹介する．

直流高電圧の場合に最も簡便で，広く利用されているのは高電圧用の分圧器を併用することである．図7.1 にその使用法と原理図を示す．

この分圧器の低電圧側出力端子に図7.1 (a) のように，ディジタルマルチメータを接続して測定する．

分圧器には抵抗を用いたもの（図7.1 (b)）とコンデンサを用いたもの（図7.1 (c)）がある．

抵抗分圧器を用いて精密な測定をする場合には環境温度の変化や流れる電流により生じる発熱で抵抗分圧器の抵抗値が変化することに注意が必要である．

コンデンサ分圧器はさらに高い電圧の測定で用いる場合が多いが，抵抗分圧器のときと同じく，コンデンサの周囲温度による変化やコンデンサの損失分の影響に気をつける．

(a) 分圧器とディジタルマルチメータの接続

$V_2 = \frac{R_2}{R_1+R_2} V_1 \simeq \frac{R_2}{R_1} V_1$

$V_2 = \frac{C_1}{C_1+C_2} V_1 \simeq \frac{C_1}{C_2} V_1$

(b) 抵抗分圧器　　　　(c) コンデンサ分圧器

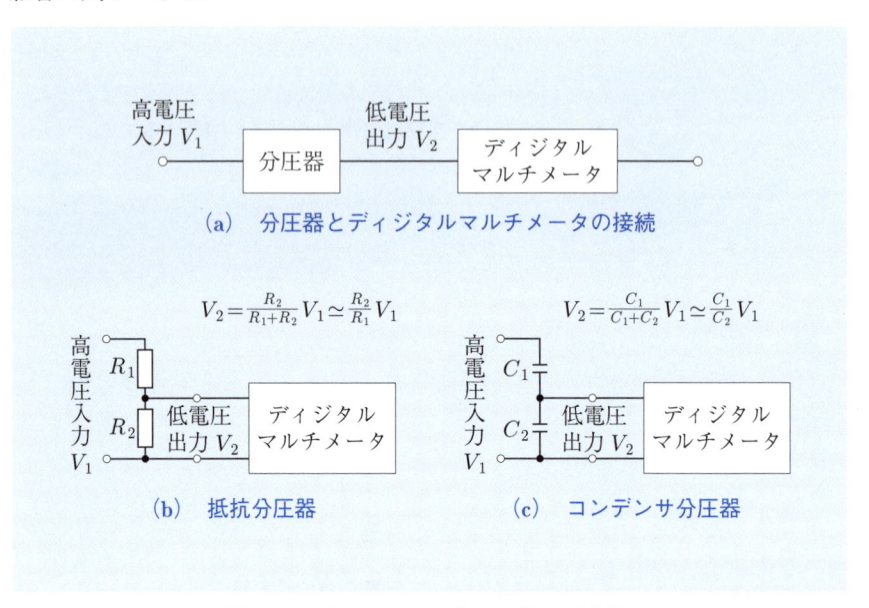

図7.1　分圧器による直流高電圧測定法

7.1 高電圧測定法

一方，交流高電圧測定では一般に**計器用変圧器**（VT，以前は PT と称していた）を用いる．図7.2 (a) にその原理図，図7.2 (b) に実際の使用例を示す．

高電圧回路の測定したい線間電圧端子に計器用変圧器の一次側を接続し，100 V 程度の二次側出力をディジタルマルチメータで測定する．

家庭で一般に使われる交流 100 V の電圧も送電時は 22000 V あるいは 6600 V という高電圧であるから，商用周波数での高電圧測定の需要は多い．

トランスと呼ばれる計器用変圧器の長所は，原理的に測定器を高電圧回路から絶縁し，保護することができる点である．この点が分圧器と異なる．

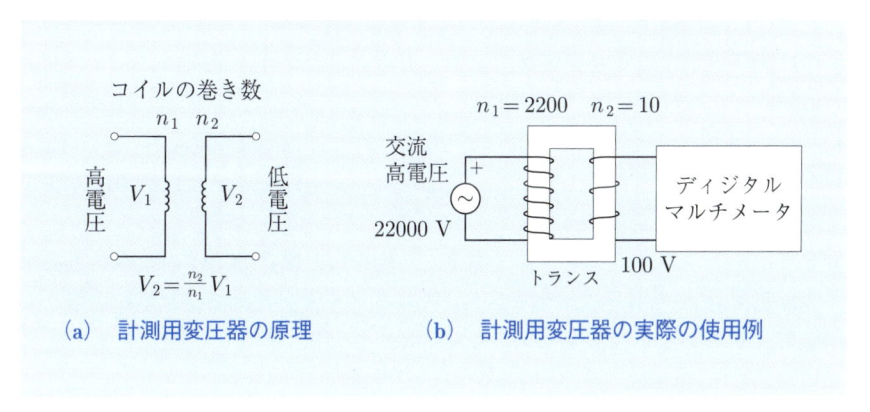

(a) 計測用変圧器の原理 　　(b) 計測用変圧器の実際の使用例

図7.2 交流高電圧測定用計器用変圧器（**VT**）

■ 例題7.1 ■

コンデンサ分圧器とディジタルマルチメータで，3 kV の直流高電圧をメータで 100 V と表示させるには，高電圧側にいくらのコンデンサが必要か．ただし，メータ側のコンデンサは 100 pF である．

【解答】 高電圧側コンデンサ C_1 とメータ側コンデンサ C_2 の関係は双方の電荷量 Q が同じなので，$Q = C_1(V_1 - V_2) = C_2 \cdot V_2$．

よって，$C_1 = \frac{V_2}{V_1 - V_2} \cdot C_2$．ここで，$V_1$ は高電圧 3 kV，V_2 はメータの電圧 100 V．ゆえに，高電圧側コンデンサ C_1 は $\frac{100}{2900} \times 100$ [pF]，すなわち，3.45 pF とする必要がある．

7.2 大電流測定法

通常,数 A 以上の電流を測る場合に,ディジタルマルチメータを用いて直接測るようにはできていない場合が多い.なお,ディジタルマルチメータで 1 A 程度の電流測定が可能であっても,測定器の発熱を考慮して,長時間の連続測定は避けることが望ましい.

そこで,大電流測定の場合に,いくつかの測定法がある.この場合も,直流大電流と交流大電流に分けて紹介する.

直流大電流の場合に最もよく使われる装置が**シャント**と呼ばれる**抵抗分流器**である.図7.3 (a) にその接続図を示す.大電流 I の流れる電線中にシャント R と可動コイル形電流計 A (内部抵抗 r) の並列回路を接続し,電流計に流れる電流 I_M を測定する.たとえば,大電流 I が 100 A のとき,電流計の電流 I_M を 100 mA 程度で測定したい場合は,電流計の内部抵抗 r が 1 Ω とすると,$99.9R = 0.1r$ より,シャント R を 1 mΩ とすればよいことがわかる.なお,このシャントを介してディジタルマルチメータで測定する場合は,図7.3 (b) のように可動コイル形電流計 A の部分に,ディジタルマルチメータを電流測定状態に設定して測定可能である.一般にシャントは非常に小さい抵抗器で,大電流にも大丈夫な構造になっている.

この分流器の欠点は測定回路の一部を切断して分流器を接続しなければならないことである.また,さらに使用上注意しなければならないことは,測定器接続用のリード線の長さをあまり長くしないようにすることである.大電流の場合はシャント抵抗の値が小さい場合が多いので,リード線の抵抗が影響することがあるからである.

(a) 可動コイル形電流計の場合 (b) ディジタルマルチメータの場合

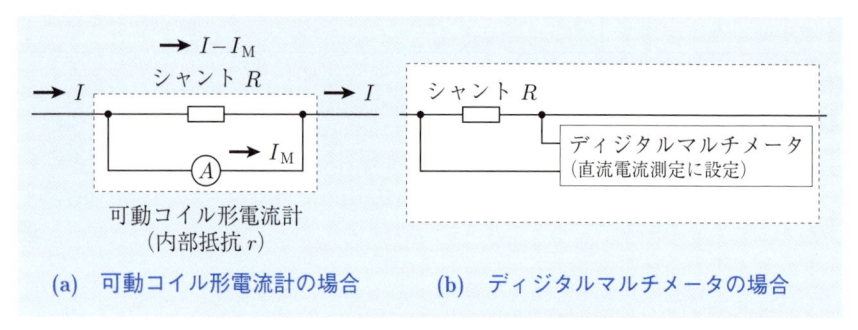

図7.3 抵抗分流器による直流大電流測定法

7.2 大電流測定法

クランプタイプ，すなわち，回路のラインを切断せずに挟む形で直流大電流を測定可能な計測器がある．ホール効果を用いた直流大電流測定である．

図7.4 にホール効果の原理と実際にホール素子を装着した場合の構成を示す．

ホール効果は図7.4 (a) に示すように，互いに直角な方向の磁界と直流電流によって，さらにそれらに直角な方向にホール電圧が発生する効果である．

通常は磁気センサとして重用されている効果で，ホール効果の詳細は 11 章の磁気測定で改めて説明する．

ここでは，図7.4 (b) に示すように，被測定直流電流 I の大きさに比例して，その電線の周辺に発生する磁界 H を利用し，ホール素子上のその磁束密度 B と既知の供給直流電流 i によって生じたホール電圧 V_H を測定して，結果的に大電流 I を断線させることなく求めるものである．

$$V_H = R_H \cdot \frac{B \cdot i}{d}$$

R_H：ホール素子材料によって決定する係数

(a) ホール効果の原理

(b) ホール素子を装着した場合の構成

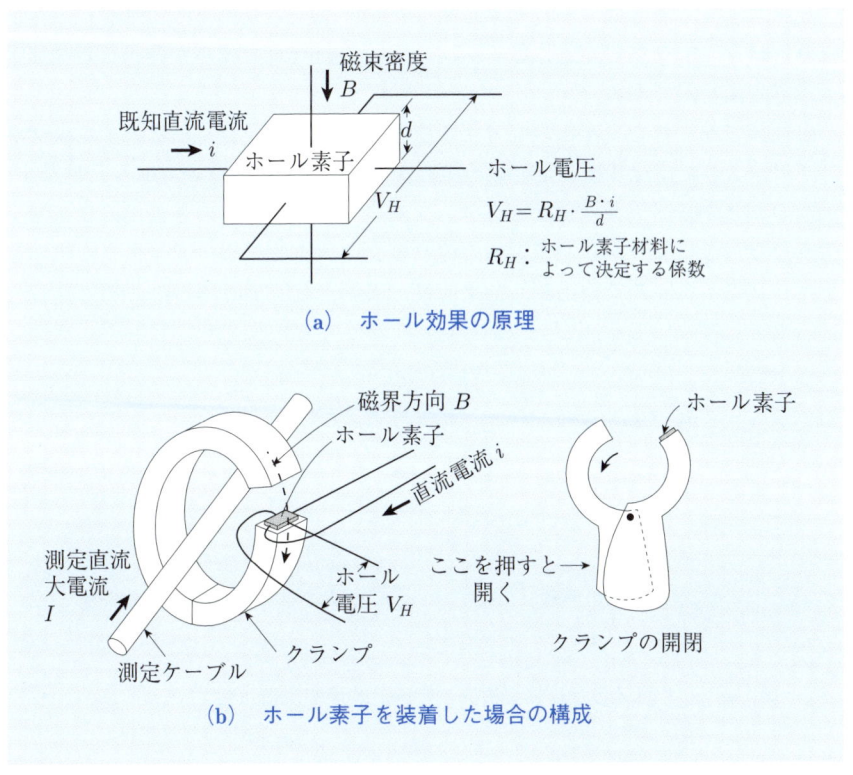

図7.4　ホール効果を用いたクランプ型直流電流測定法

一方，交流大電流測定では一般に計器用変流器（CT）を用いることが多い．単に**変流器**と呼ぶ場合もある．**図7.5 (a)** にその原理図，**図7.5 (b)** に実際の使用例を示す．

被測定交流大電流回路の電線を切断して，その両端に変流器の一次側を接続し，定格 5 A 程度の二次側電流出力をディジタルマルチメータで測定する．

変流器使用上で注意することは二次側の出力端子を決して解放状態にしないこと，すなわち，常に電流測定状態に設定したディジタルマルチメータに必ず接続しておくことである．

また，直流大電流のときと測定原理は異なるが，クランプタイプの電流測定器を用いて，測定電線を切ることなく，通電状態で交流大電流を測定することも可能である．

直流大電流の場合はホール効果を用いたが，交流大電流では変流器の原理が用いられる．すなわち，**図7.6** に示すような磁性体にコイルが巻かれたクランプ式電流測定器である．

磁性体に巻かれたコイルの部分が二次コイルの役目をし，一次コイルはクランプに挟まれた直線状被測定電線そのもので，これをひと巻のコイルと見なす．

このことから，被測定電線とクランプ内コイルで $1:n$ の巻線比の変流器を構成したことになり，被測定電線を流れる交流大電流によって発生する磁界をクランプ内のコイルで検出し，結果的に，被測定電流を計測したことになる．

(a) 計測用変流器の原理

コイルの巻き数 n_1 n_2

$i_1 = \dfrac{n_2}{n_1} i_2$

(b) 実際に使用したときの接続例

$n_1 = 2$　$n_2 = 40$
$i_1 = 100$ A　$i_2 = 5$ A

被測定交流大電流　トランス　ディジタルマルチメータ（交流電流測定に設定）

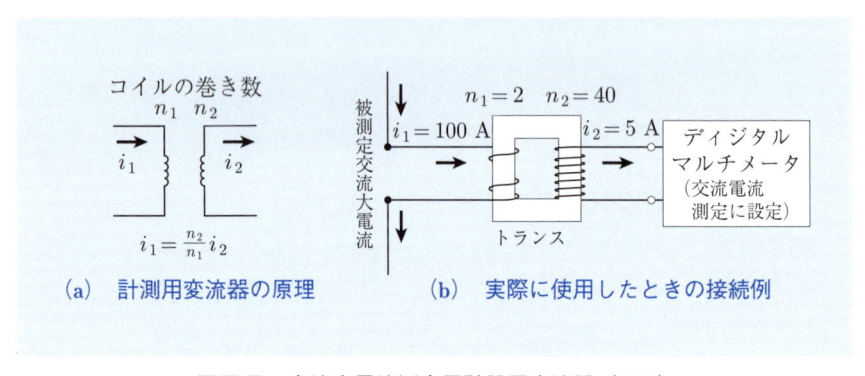

図7.5 交流大電流測定用計器用変流器（CT）

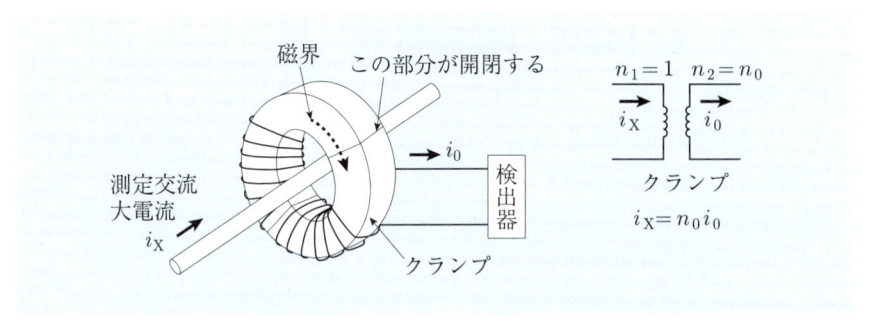

図7.6 交流大電流測定用クランプ式電流測定器の測定原理

■ 例題7.2 ■

クランプ式交流電流測定器を用いて，最大 100 A の交流大電流を測定したい．この 100 A のときにクランプ式測定器には 5 A が流れるようにするには，コイルの巻き数をいくらにすればよいか．

この場合，変流器は理想的な状態で作動しているとする．

また，同じクランプ式測定器で電流が 0.3 A 流れたとき，被測定回路には交流電流が実際何 A 流れているのか求めよ．

【解答】 被測定ケーブルの巻き数 n_1 を 1 ターンとすると，二次側のクランプのコイルの巻き数 n_2 は $\frac{i_1}{i_2} = \frac{n_2}{n_1}$ より，$\frac{100\,[\text{A}]}{5\,[\text{A}]}$ で 20 回．また，二次電流 i_2 が 0.3 A のときは，巻き数比 $\frac{n_2}{n_1}$ が $\frac{20}{1}$ であるから，一次電流 i_1 は，$i_1 = \frac{n_2}{n_1} \cdot i_2$ から 6 A，すなわち，被測定ケーブルには 6 A 流れていることになる． ■

7.3 微小電圧・電流測定法

微小電圧測定には2つの意味がある．第一は，絶対値が$1\,\mu\mathrm{V}$以下などの非常に小さな量の電圧値の測定であり，第二は，たとえば，非常に安定な電圧源の発生電圧1Vを6桁以上，すなわち，$1\,\mu\mathrm{V}$まで正確に測ることである．

第一の場合の測定では，温度などの測定環境をいかに安定な状態にするか，また，測定装置自体の測定分解能を決める主因である測定装置の内部雑音をいかに軽減するかである．測定装置では，そのほか，入力短絡時に出力がゼロにならず，わずかな出力が発生する**オフセット**，あるいはゆっくりした出力の時間的変動である**ドリフト**への対応も考えなければならない．

第二の測定の場合は，6桁目の正確な値を得ることは実際には非常に困難ゆえ，通常は，被測定電圧より安定で，かつその値がほとんど同じ電圧の既知の参照電圧源を用意して比較測定することが行われる．その結果，両者の電圧差の数$\mu\mathrm{V}$の測定をすることになるので，その後は第一の場合の測定系の条件を満たすことが求められる．

直流微小電圧測定では，測定用リード線の**熱起電力**の問題があり，対策としてはリード線の極性の入れ替えによる繰返し測定での熱起電力の相殺がある．また，リード線と測定器端子間に発生する**接触電位差**にも注意が必要で，この対策としてはリード線と端子の同一金属材料の使用による接触電位差の軽減がある．

以下に，直流や交流低周波の微小電圧測定用増幅回路の2, 3の例を示す．

図7.7 に示す**差動増幅回路**は，同相モードの雑音を除去し，差動入力の信号のみを増幅するという，一般に広く使用される測定回路である．

図7.8 に示す**チョッパ形増幅回路**は，直流あるいは低周波の微小信号をチョッパで矩形波の交流信号とし，その交流信号を交流増幅器で増幅した後に再び直流に戻すことで，ドリフトや低周波雑音を除くことができる測定回路である．交流の増幅は直流でのドリフトや低周波雑音を無視できる利点がある．

図7.9 に示す**ロックイン増幅回路**は，低周波信号用で，その信号の周波数と同じ周波数の参照信号を作り，図7.10 に示すように，**同期整流回路**で，それら2信号の位相が合ったときのみ直流出力が得られ，それ以外の雑音成分は，長時間の積分で相殺して消えることを利用した，巧妙な回路構成の同期整流機能を有した増幅回路で，雑音に埋もれた低周波信号の検出などに威力を発揮する．とにかく，微小電圧測定は雑音との戦いであり，この件は13章で再考する．

微小電流測定に関しては，その電流を参照抵抗に流し，端子間の微小電圧を

7.3 微小電圧・電流測定法

測定することで，上述の微小電圧測定の技術が用いられる．ただ，本書の 11 章の磁気測定に記述されている超微弱磁気測定用 SQUID という装置が微弱電流測定に有効である．それは測定電流によって発生する磁気をこの SQUID で測定できることから，結果的に電流の測定といえるからである．SQUID は超高感度電流検出器でもある．この SQUID の原理の詳細は 11 章で学ぶ．

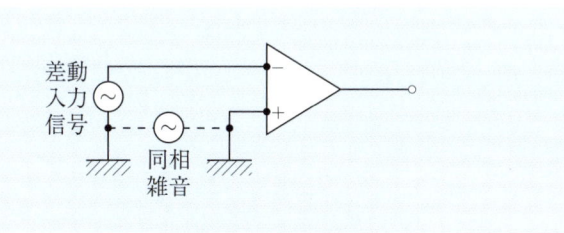

図7.7　差動増幅回路の概略図

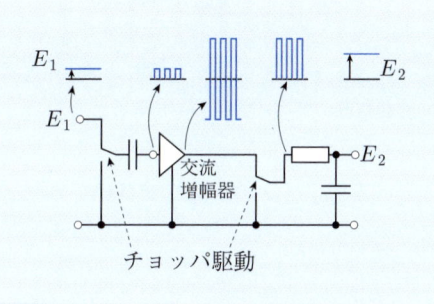

図7.8　チョッパ形増幅回路の概略図

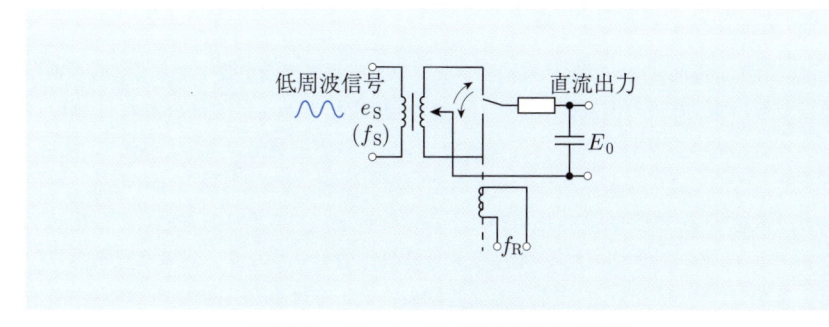

図7.9　ロックイン増幅回路の概略図

図中:

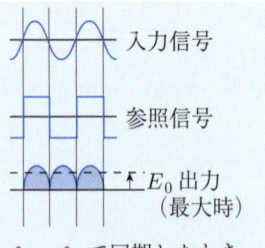

- 入力信号
- 参照信号
- E_0 出力（最大時）
- $f_R = f_S$ で同期したときのみ直流信号発生

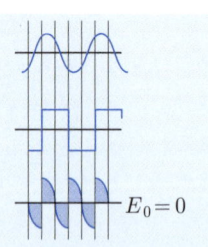

- $E_0 = 0$
- $f_R = f_S$ でも同期しないときは E_0 小さいか 0

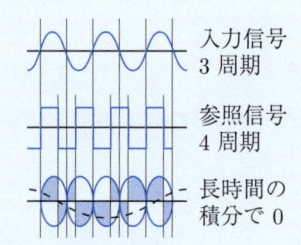

- 入力信号 3周期
- 参照信号 4周期
- 長時間の積分で 0
- $f_R \neq f_S$ のときは位相がずれて，E_0 がうねり，平均化(積分)すると 0 となる

図7.10　同期整流の動作

● 電池作りも命がけ？ ●

電気計測で電池といえば標準電池．ジョセフソン電圧標準が確立するまでの100年以上もの間，電圧の国家標準を守ってきた優れ物．しかし，電池容器のH型のガラス管に入った材料は何と有害な水銀とカドミウム．硫酸カドミウムをピペットを使って口で吸いながら調合するきわどい作製作業．標準維持も命がけだった．一方，電源パワー目的の乾電池のベストは水銀電池．アルカリ乾電池などに比べてネーミングはマイナーだが，電圧安定度抜群で雑音が少なく，貴重な存在だった．しかし，標準電池も水銀電池も有害物質ゆえ，今はもう，時代がその存在を許さない．そう，リストンチョッパも釣り線ガルバもみんな消えていく．

7.4 その他の特殊な電圧・電流の測定法

　計測の原点となる計測手法が 1 章で学んだ零位法で，それを具現化したのが，図 7.11 に示す**電位差計**である．参照電源と可変抵抗で精密な可変電源出力 V_S を実現し，未知の電圧 V_X と零検出器 G を介して突き合わせ，検出器 G がゼロを示すときに未知の測定電圧 V_X が可変既知電圧 V_S である．今はあまり一般に使われていないが，測定系に電流が流れないという意味で貴重である．

　一方，図 7.12 に示す**真空熱電対**は 100 MHz 近い高周波までの電流測定に用いられる．真空中の熱線に接して熱電対がガラス製ビーズで固定された構造になっており，熱線に高周波電流を流すことでできるジュール熱から発生する熱電対の起電力をまず測り，次にその起電力と同じになるように，既知直流電流を熱線に流すことで比較測定しうる．ただし，その際，高周波測定ゆえの浮遊容量や表皮効果などへの対策という細心の注意が必要である．

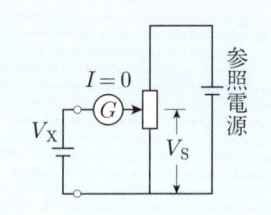

図 7.11　電位差計の測定原理

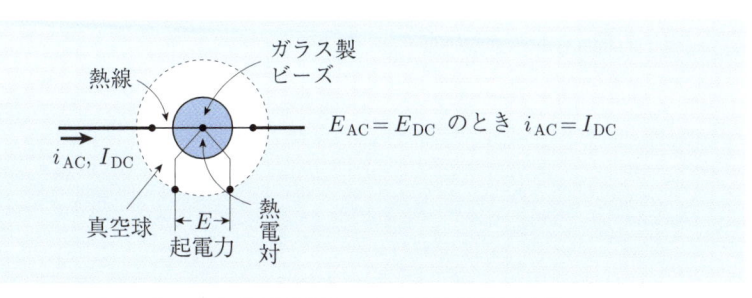

図 7.12　真空熱電対を用いた高周波電流測定法

7章の問題

7.1 以下に示す抵抗分流器（シャント）を用いて大電流測定をする場合，10 A の電流入力 I_1 をディジタルマルチメータ入力部 V_2 で 100 mV とするため，シャント抵抗 R_1 はいくらにする必要があるか．ただし，ディジタルマルチメータ入力部の抵抗 R_2 は 100 mΩ である．

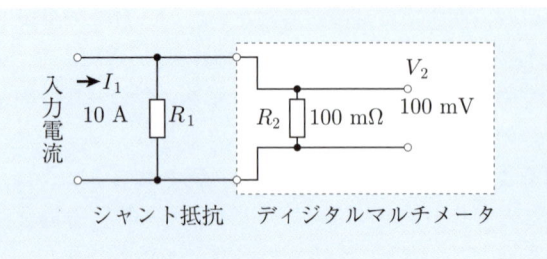

```
入力電流 → I₁   R₁      R₂  100 mΩ   V₂ 100 mV
         10 A
         シャント抵抗      ディジタルマルチメータ
```

7.2 ディジタルマルチメータで長時間，大電流測定をすることは避ける理由を述べよ．

7.3 クランプ式電流測定器について説明せよ．

7.4 微小電圧測定時に雑音中に埋もれた信号を検出するために有効と考えられている特殊な測定法について述べよ．

第8章

抵抗測定

　本章ではオームの法則で知られた，電圧と電流の比である抵抗について，その測定法を学ぶ．古くから様々な抵抗測定法が考えられてきたが，現在は通常の大きさの抵抗は電圧や電流と同じく，ディジタルマルチメータで測定することがほとんどである．また，ディジタルマルチメータで測定できない特殊な抵抗，たとえば，非常に大きな値の抵抗，逆に非常に小さい値の抵抗，また，その他の特殊な抵抗についての測定法について学ぶ．

■ 8章で学ぶ概念・キーワード
- 抵抗とは何か
- 通常の大きさの抵抗測定法
- 高抵抗測定法
- 低抵抗測定法
- その他の特殊な抵抗測定法

8.1 抵抗とは何か

有名なオームの法則で周知のように，抵抗とは電圧と電流の比である．すなわち，ある電流を流したときに，それによって抵抗体に生じる電圧と電流の間の比例係数である．この比例係数の単位が Ω である．それゆえ，抵抗という概念はそれ自体に実体がなく，あくまでも，電圧と電流の存在が要求される．

一方，私たちは抵抗器を知っている．$100\,\Omega$ の抵抗器などのように，抵抗器という場合は電圧や電流とは関係なく単独で用いることができる．しかし，これも実は暗黙のうちに，たとえば，$100\,\Omega$ の抵抗器であれば，$1\,\mathrm{mA}$ の電流を流すと，$100\,\mathrm{mV}$ の電圧が発生するという意味であることを認めている．すなわち，抵抗器は抵抗という概念を具現化したものということができる．

図8.1 の抵抗器のように，抵抗器として用いる材料に固有の**抵抗率**を定め，その抵抗率と材料の形状から抵抗器の抵抗値を決定することができる．

以上をまとめると，図8.2 に示すように，抵抗と抵抗器は異なる概念であるが，一般には同じようなものとして取り扱われることが多く，抵抗器を単に抵抗と呼ぶことはよくある．

なお，交流における抵抗測定あるいは交流抵抗という言葉については9章のインピーダンス測定の中で学ぶことにする．

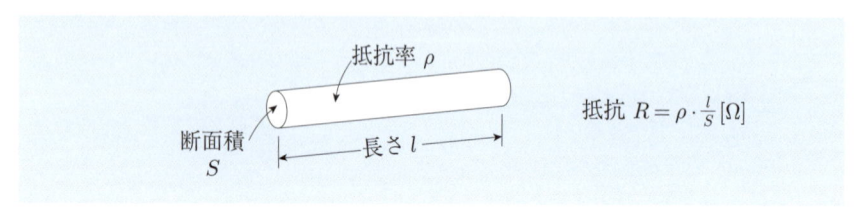

抵抗率 ρ
断面積 S
長さ l
抵抗 $R = \rho \cdot \dfrac{l}{S}\,[\Omega]$

図8.1 抵抗率と材料の形状で求まる抵抗器の大きさ

電流 I　A　電圧 V

抵抗器 $100\,\Omega$ の場合 $1\,\mathrm{mA}$ で $100\,\mathrm{mV}$

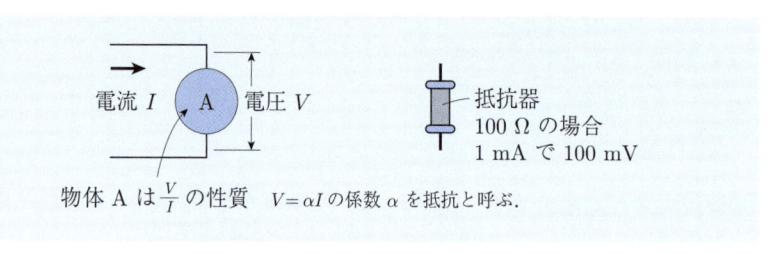

物体 A は $\dfrac{V}{I}$ の性質　$V = \alpha I$ の係数 α を抵抗と呼ぶ．

図8.2 抵抗の概念と抵抗器

8.2　通常の大きさの抵抗測定法

おおよそ $100\,\mu\Omega \sim 100\,\mathrm{M}\Omega$ の抵抗測定には通常ディジタルマルチメータを用いることが多い．ディジタルマルチメータは簡便で正確に抵抗を測定することができる．

既に説明したように，ディジタルマルチメータという測定装置は交流あるいは直流の電圧，電流および抵抗の全ての入力信号を直流電圧に変換し，演算処理する仕組みになっている．

それゆえ，被測定抵抗の値を求めるために，抵抗–電圧変換する．

そのために，ディジタルマルチメータ側から既知の電流を被測定抵抗に流し，その結果得られる抵抗端子間の電圧を測定する．

その電圧と既知の電流の比より被測定抵抗の値を得る仕組みになっている．

なお，既知電流というのは，実際には，メータ内部に用意された安定な既知参照抵抗器を被測定抵抗と直列接続し，それらに一定電流を流したときの既知参照抵抗器における端子間電圧の値とその参照抵抗器の値の比から得ることができる．

図8.3 にディジタルマルチメータによる抵抗測定の仕組みを示す．

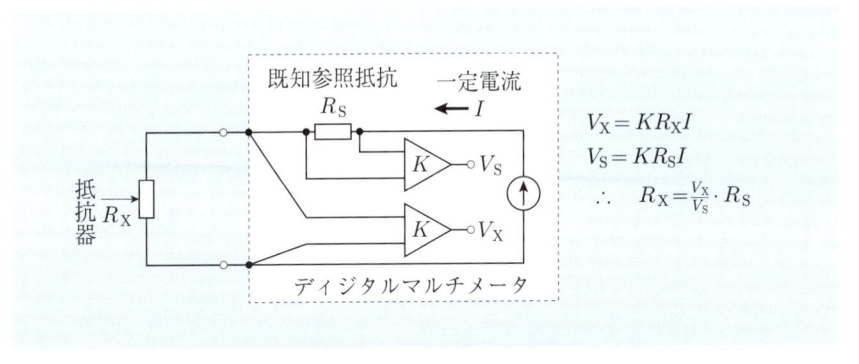

$$V_X = KR_X I$$
$$V_S = KR_S I$$
$$\therefore\ R_X = \frac{V_X}{V_S} \cdot R_S$$

図8.3　ディジタルマルチメータによる抵抗測定の仕組み

8.3 高抵抗測定法

数十 MΩ 以上の高抵抗では通常のディジタルマルチメータでは測定できない場合がある．

抵抗が電圧と電流の比であると考えると，$100\,\mathrm{M\Omega}$ は $10^8\,\Omega$ ゆえ，通常のディジタルマルチメータでの供給電圧 $10\,\mathrm{V}$ 程度では，流れる電流は $\frac{10}{10^8}$ であるから，$10^{-7}\,\mathrm{A}$ となる．

この $10^{-7}\,\mathrm{A}$，すなわち，$0.1\,\mu\mathrm{A}$ が測定できないディジタルマルチメータでは $100\,\mathrm{M\Omega}$ は測れないことになる．

そこで，このような高抵抗を測定するためには，たとえば，$1000\,\mathrm{V}$ などの高電圧を発生でき，それを被測定抵抗に印加する仕組みになった特別な高抵抗測定器が用意されている．

しかし，高抵抗測定には高電圧発生装置があるだけでは不十分であり，被測定高抵抗側にも測定上の注意が必要である．それは，**リーク電流**の問題である．

図8.4 に示すように，高抵抗器の場合，供給電流 i の一部が抵抗器内部ではなく，その周囲を流れるからである．これをリーク電流 i_L という．

手の油や汚れが抵抗体表面に付着した場合や抵抗体周辺の空気の湿度が高いときなど，それらの抵抗値が被測定抵抗体の抵抗値に比べて無視できない値のときにリーク電流が発生する．

たとえば，$10^{12}\,\Omega$ などの高絶縁抵抗を測るときなどは，通常の測定法ではリーク電流を防ぐことができない．

リーク電流が存在すると，通常の測定法では不正確な測定結果となる．

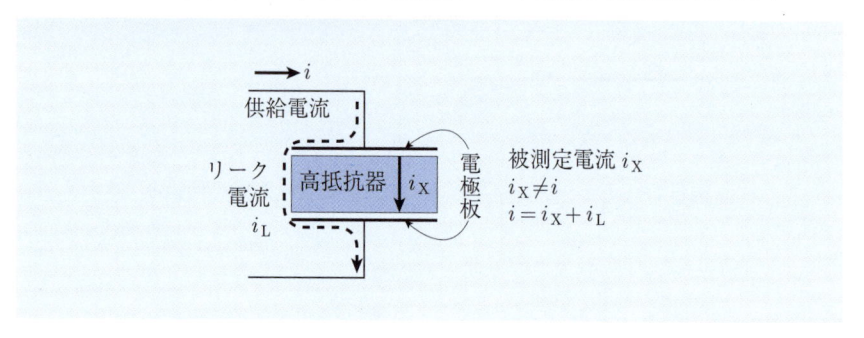

図8.4 高抵抗測定の際にリーク電流が発生する様子

8.3 高抵抗測定法

そこで，これらの問題を解決するために，図8.5 に示すような，ガードリング形高抵抗測定法が考えだされた．ガード用の電極がリング状になっていることから，この名前がついた．

この測定回路のポイントは電流測定の位置である．従来の測定法での電流測定の位置と比較するとその違いがよくわかる．

この電流計の位置では，リーク電流が発生していても，その電流は電流計では測定されず，被測定抵抗の中を流れる電流のみを測定できる．

この場合，電流計の内部抵抗 r は被測定抵抗の値 R に比べて無視できるほど小さい．ゆえに，印加電圧の大きさは電流計の内部抵抗を含んだ値としても大きな影響はない．

以上から，このガードリング形高抵抗測定回路での測定電圧と測定電流の比で被測定抵抗の値を求めることができる．

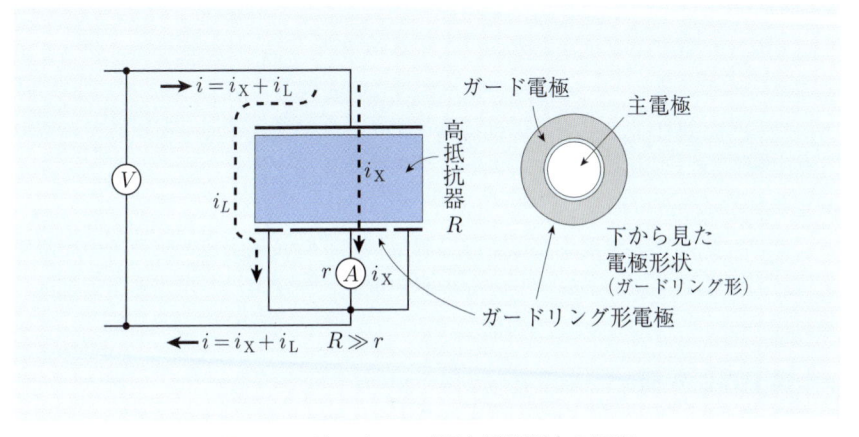

図8.5 ガードリング形高抵抗測定の原理

8.4 低抵抗測定法

数 mΩ 以下の低抵抗の測定の場合，通常の二端子測定法ではディジタルマルチメータで正しく測定できない場合がある．

図8.6 に示すように，二端子抵抗測定法では被測定低抵抗に比べて，リード線の抵抗が無視できなくなるためである．

そこで，低抵抗測定では，四端子測定法を用いる．

これは 図8.7 に示すように，ディジタルマルチメータにおける電流供給端子と電圧測定端子を独立して用いる測定法である．4個の端子が用いられるので，**四端子抵抗測定法**と呼ぶ．

この測定法によって，供給電流は電流用リード線を介し，被測定抵抗を流れるが，被測定抵抗の端子間電圧は測定器の電圧端子から電圧用リード線によって求められる．

電圧リード線にも抵抗があるが，電圧計の内部抵抗が被測定抵抗に比べて十分大きいので，電圧リード線には電流がほとんど流れない．

このため，電圧リード線の抵抗には電圧が発生せず，結局，電圧計では電流リード線を介して流れる電流によって発生する被測定抵抗の端子間電圧のみが測定されることになる．

これは，供給電流の電流を電流計で測定し，同時に被測定抵抗の端子間電圧を電圧計で測定することにより，その測定電圧と測定電流の比が被測定抵抗の値となる．

例題8.1

二端子法で抵抗測定する際に，1本の長さが 50 cm のリード線の抵抗が 1 m 当たり 20 mΩ ある場合，1対のリード線を用いて，抵抗 R の値を精度 0.5％で得ようとすると，リード線の抵抗が無視できないのは，R が何 Ω 以下のときか．

【解答】 1対のリード線で 1 m となり，その抵抗 r は 20 mΩ であるから，抵抗 R が 0.5％の誤差範囲となるためには，

$$\frac{20\,[\mathrm{m\Omega}]}{R} = \frac{0.5}{100}$$

よって，$R = \frac{20 \times 10^{-3} \times 100}{0.5} = 4\,[\Omega]$

すなわち，抵抗 R が 4 Ω 以下であれば，精度 0.5％の測定ではリード線の抵抗が無視できなくなる．

8.4 低抵抗測定法

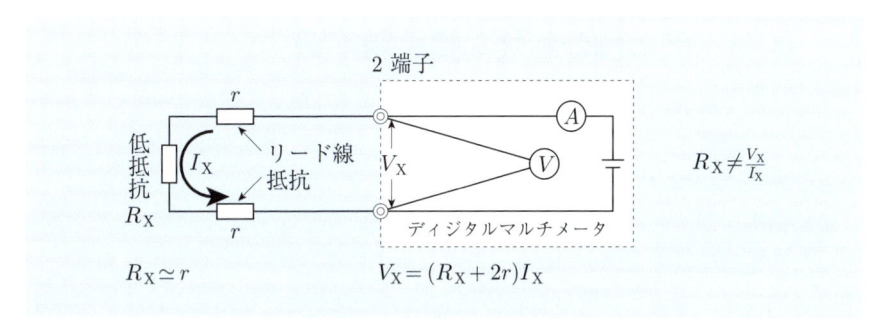

図8.6 二端子抵抗測定法

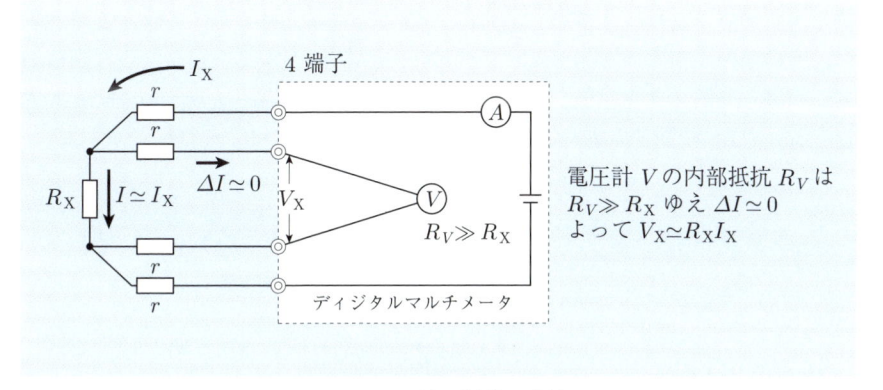

$R_X \simeq r$
$V_X = (R_X + 2r)I_X$
$R_X \neq \frac{V_X}{I_X}$

図8.7 四端子抵抗測定法

電圧計 V の内部抵抗 R_V は
$R_V \gg R_X$ ゆえ $\Delta I \simeq 0$
よって $V_X \simeq R_X I_X$

● 水銀パイプの怪 ●

オーディオマニアの音に対するこだわりは尋常ではない．

ケーブルの接続端子部分が金メッキは当たり前．銅線よりもっとよいケーブルはないか．何と，考えついたのが，水銀を細いパイプにつめて，それでアンプとスピーカを接続すること．結果は？ 何とこれまでに聴いたことのないような素晴らしい音が．一体なぜ？ いまだにその理由がわからないという．

ウソのようなホントの話．

8.5 その他の特殊な抵抗測定法

電気計測で**接地**の概念は重要である．測定回路の共通部分をアースに落とす，すなわち，地球という安定した部分に接地することは，測定状態を安定させ，測定者を感電の危険から守る．そのため，重要なのは接地抵抗の測定である．

接地抵抗を知るためには，その 2 点の電極間に交流電圧を印加するための，接地した電極の位置 P と最低 10 m は離れた地中に参照抵抗 R_0 を介して参照電極 S を挿入する．なお，直流は分極作用が生ずるので避ける．さらに PS 線上の中間に，その点 M の電位を知るための電極を用意する．一般に PS 間の地中の電位は図 8.8 に示すように電極近傍に集中する．P 点および S 点近傍の接地抵抗をそれぞれ R_E, R_S とする．ここで，交流電源端子間にすべり抵抗 R を接続し，その間の 1 点と S 点または M 点との間に零検出器 G を接続する．図 8.9 にこの測定回路全体を示す．G を S に接続し，G の電流が 0 のときの抵抗 R が $R - R_2$ と R_2 に配分されたとき，この回路は $(R - R_2)R_0 = (R_E + R_S)R_2$ と

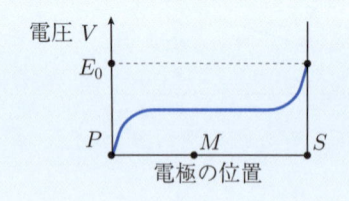

図 8.8　PS 間の地中の電位（電極近傍に集中）

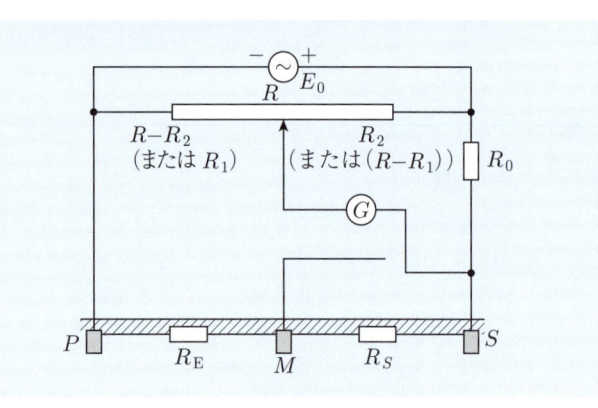

図 8.9　接地抵抗測定回路例

8.5 その他の特殊な抵抗測定法

$R - R_2$ と R_2 に配分されたとき,この回路は $(R - R_2)R_0 = (R_\mathrm{E} + R_S)R_2$ となる.次に G を M に接続し,G の電流が 0 のときの R が R_1 と $R - R_1$ に配分されたとき,この回路は $(R - R_1)R_\mathrm{E} = (R_0 + R_S)R_1$ となる.

この 2 式から,接地抵抗 R_E は測定値 $\frac{R_1}{R_2}R_0$ で求められる.

最後に,特殊な低抵抗測定法として,現在は一般に使われることは少ないが,古典的な低抵抗精密測定器として有名な,**ケルビンダブルブリッジ**を紹介する.イギリスの物理学者ケルビン卿が苦労して開発した測定術の美しさをこのブリッジ回路で知ることができる.

図8.10 にケルビンダブルブリッジの回路を示す.

G は零検出器で,ここの電圧が 0 となる,すなわち,G の両端が同電位のとき,この回路において,以下の式が成り立つ.

$$I_1 R_a = I_2 R_\mathrm{s} + I_3 R_\alpha$$

$$I_1 R_b = I_2 R_\mathrm{x} + I_3 R_\beta$$

$$I_3 (R_\alpha + R_\beta) = r(I_2 - I_3)$$

この 3 式より,R_x を求めると以下の式となる.

$$R_\mathrm{x} = \frac{R_b}{R_a} R_\mathrm{s} + \frac{r R_\alpha}{R_\alpha + R_\beta + r} \left(\frac{R_b}{R_a} - \frac{R_\beta}{R_\alpha} \right)$$

ここで,このブリッジの比例辺 $\frac{R_b}{R_a}$ と $\frac{R_\alpha}{R_\beta}$ は連動するように作られているので,上式の第 2 項の $\frac{R_b}{R_a} - \frac{R_\beta}{R_\alpha}$ は 0 となる.

ゆえに,被測定抵抗 R_x はリード線の抵抗 r の値に無関係に,以下の簡単な式で求められる.

$$R_\mathrm{x} = \frac{R_b}{R_a} R_\mathrm{s}$$

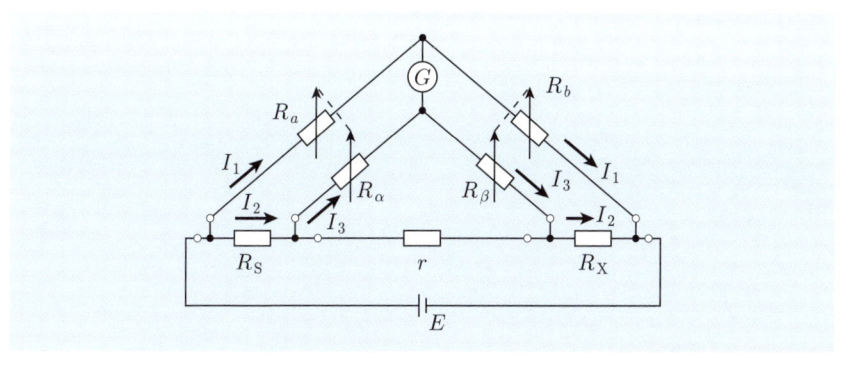

図8.10 低抵抗精密測定用ケルビンダブルブリッジ回路

8章の問題

☐ **8.1** 長さ L が 50 cm,断面積 S が 2 mm² の円柱棒状の金属の抵抗 R が 7 mΩ のとき,この金属の抵抗率 ρ は何 Ω·m か計算せよ.
ヒント:本文中の図8.1 を参照せよ.

☐ **8.2** 非常に大きな抵抗値の抵抗器の測定は通常のディジタルマルチメータでは難しい.どのような方法で測定可能か.

☐ **8.3** 非常に小さい抵抗値の抵抗器の測定では四端子抵抗測定法が用いられるが,その理由を説明せよ.

☐ **8.4** 本文中の図8.9 に示す接地抵抗測定回路図で,接地抵抗 R_E が測定値 R_1 と R_2 および既知の抵抗 R_0 より,$R_\mathrm{E} = \frac{R_1}{R_2} R_0$ となることを証明せよ.

第9章
インピーダンス測定

　インピーダンスも抵抗と同じく電圧と電流の比である．すなわち，抵抗が直流の電圧と電流の比であるが，インピーダンスは交流の電圧と電流の比である．このインピーダンスは抵抗とキャパシタンスとインダクタンスで等価的に表すことができるので，そのそれぞれの測定法を学ぶことによって，インピーダンスそのものの測定について考える．

　現在は，通常，LCR メータを用いて測定することが多いので，その測定原理を紹介する．また，古くから用いられてきた，その他のインピーダンス測定法についても学ぶ．

　さらに，交流抵抗とは何かを考える．

■9章で学ぶ概念・キーワード
- インピーダンスとは何か
- 交流抵抗について
- LCR メータの測定原理
- LCR メータと試料の接続方法
- その他のインピーダンス測定法

9.1 インピーダンスとは何か

インピーダンス Z も抵抗 R と同じく電圧と電流の比である．すなわち，抵抗が直流の電圧と電流の比であるが，インピーダンスは交流の電圧と電流の比である．ゆえにインピーダンス Z の単位は抵抗と同じ Ω である．

このインピーダンス Z は一般に，抵抗 R とキャパシタンス C とインダクタンス L の 3 成分から構成されていると見なすことが多い．

ここで，インピーダンスの構成要素である抵抗は電力を消費する成分で実軸上の量で表す．一方，キャパシタンスとインダクタンスはエネルギーを消費しない成分，すなわち，実軸と直角な虚軸上の量で，キャパシタンス成分とインダクタンス成分を合わせて**リアクタンス X** と呼ぶ．

それゆえ，一般に，インピーダンス Z の大きさは 図9.1 に示すように実軸上の抵抗 R と虚軸上のリアクタンス X のベクトルで表す．

実際にはしばしばインダクタンス L の成分を省略し，図9.2 のようにインピーダンス Z を抵抗 R とキャパシタンス C のみの並列回路で表すことがある．この場合はインピーダンス Z の逆数の**アドミタンス Y** で表すと，等価回路の式が簡単になる．このとき，抵抗 R の逆数の**コンダクタンス G** を用いることがある．

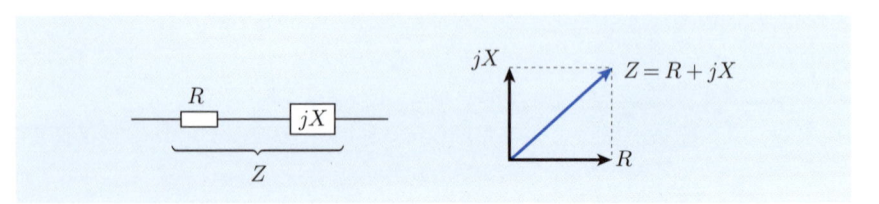

図9.1 インピーダンスとそれぞれの構成要素の関係

$$Z = \frac{1}{Y} = \frac{1}{G + j\omega C}$$
$$= \frac{G}{G^2 + (\omega C)^2} - j\omega \frac{C}{G^2 + (\omega C)^2}$$
$$\equiv R_0 - jX_0$$
$$R_0 = \frac{G}{G^2 + (\omega C)^2} = \frac{R}{1 + (\omega CR)^2}$$
$$X_0 = \frac{\omega C}{G^2 + (\omega C)^2} = \frac{\omega CR^2}{1 + (\omega CR)^2}$$

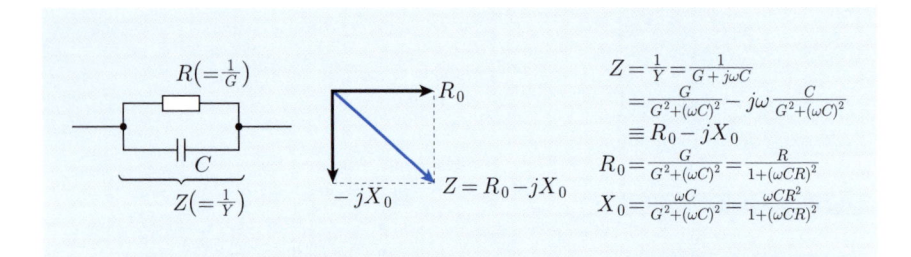

図9.2 抵抗とキャパシタンスのみの場合のインピーダンスの表現

9.2 交流抵抗について

ここでは**交流抵抗**という言葉と概念について考えてみる．

交流抵抗は**表9.1**に示すように，現在いくつかの意味で使われている．

第一の交流抵抗のケースは，交流で抵抗器を測定するときの表現である．実は抵抗器といっても，構造的にキャパシタンスやインダクタンスの成分をわずかではあるが含んでいる．そのため，交流で測定周波数が大きくなるにつれて，9.1節で取り上げたリアクタンス分が無視できなくなる場合がある．その場合，抵抗器の値が直流測定時と異なる値となるが，その値を抵抗器の交流抵抗値とする場合がある．この場合は抵抗値はインピーダンスと等価で実軸上の値ではないが，あえて，抵抗器ゆえ，インピーダンスと呼ばず，交流抵抗と呼ぶ．

第二の交流抵抗のケースは，あるインピーダンスを交流で測定した際の実軸上の成分，すなわち，抵抗成分を交流抵抗と称する場合である．抵抗に直列にインダクタンス，それらに並列にキャパシタンスが存在する場合，9.1節で示したように，交流での測定時の抵抗成分は直流時の抵抗 R より，$\{(1-\omega^2 LC)^2 + (\omega CR)^2\}$ の逆数倍の減少となるからである．

第三のケースは，交流用の抵抗器，すなわち，周波数依存性がほとんどない抵抗器を実現させた場合である．通常の抵抗器では構造上，インダクタンス成分やキャパシタンス成分の影響を除くことは不可能であるが，単線構造など特殊な構造で実現させる．この抵抗器を交流測定時の純粋な抵抗として用い，そのときに，特に交流抵抗，正確にいえば交流用抵抗器と呼んでいる．

第四のケースは，ダイオードのような非線形電圧–電流特性における，あるバイアス点での電圧–電流の微小変化の比を交流抵抗と称する場合がある．

筆者の私見としては，交流測定における電圧–電流比は「交流抵抗」とせず，「インピーダンス」とし，強いて用いる場合に第三のケースとしたい（**図9.5**参照）．

表9.1 交流抵抗の概念

1.	単純に交流で測定する場合の抵抗器の呼称
2.	インピーダンスの実数部の意味
3.	交流用に特別に製作された抵抗器の呼称
4.	非線形素子のバイアス点における微小電圧–電流比

9.3 *LCR* メータの測定原理

現在,最も簡単にインピーダンスを測定できる測定器として,***LCR*** メータが広く用いられている.

機種にもよるが,数十 Hz から MHz 帯までの広い範囲の測定周波数で,**コンデンサ**,**コイル**,あるいは交流抵抗,また,それら全体を統合したインピーダンス,あるいはその逆数のアドミタンスが測定できるのみならず,そのデータをコンピュータを介して様々な計測制御システムに接続しうる機能を有した便利な測定器である.

インピーダンス Z は交流における電圧 V と電流 I の比である.その比を実数と虚数で表せば,下式のように,実数は抵抗成分 R であり,虚数はリアクタンス成分 X となり,これによって,それぞれ R と X が得られる.さらに,$L = \frac{X}{\omega}$ あるいは $C = \frac{1}{-\omega X}$ により,L や C も定められる.

$$\left(\frac{V}{V_S}\right) R_S = \frac{V}{I} = Z = R + jX$$

図9.3 に *LCR* メータの原理図を示す.

特徴は基準交流抵抗 R_S と演算増幅器を用いて,測定電流 I を電圧 V_S に変換することである.これによって,測定したいインピーダンス Z は次式となる.

$$Z = \frac{V}{I} = \frac{V}{\frac{V_S}{R_S}} = \frac{V}{V_S} \cdot R_S$$

このことから,測定したいインピーダンス $Z\, (= R + jX)$ は電圧比 $\frac{V}{V_S}\, (= \alpha + j\beta)$ と基準抵抗 R_S の積から得られることがわかる.

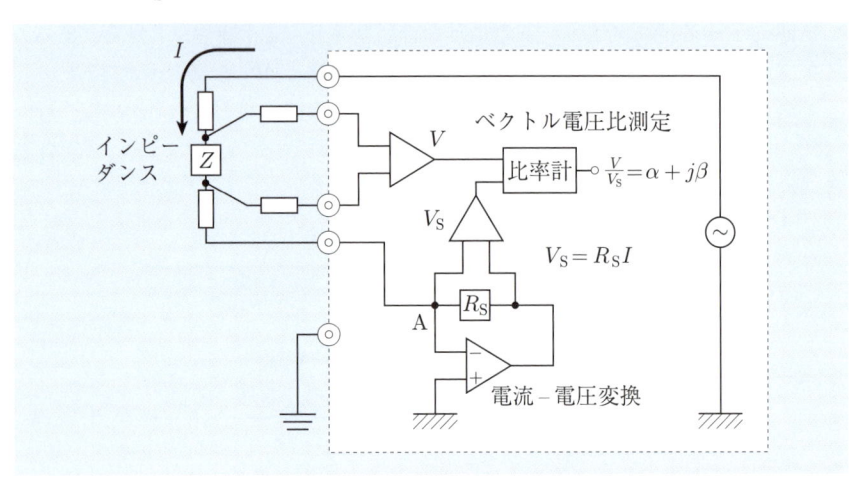

図9.3　***LCR*** メータの原理図

9.3 LCRメータの測定原理

なぜ，基準抵抗 R_S と演算増幅器を用いると，測定電流 I を電圧 V_S に変換できるかについて，もう少し詳しく見てみる．

LCR メータの原理図から，測定したいインピーダンス Z，基準抵抗 R_S，演算増幅器および発振器の部分を書きなおした回路を図9.4 に示す．これは演算増幅器の基本的な回路で，帰還抵抗の役目をする基準抵抗 R_S によって，ポイント A は等価的に零電位となることから，発振器からの供給電流 I は全て基準抵抗 R_S を流れる．ゆえに，$I = \frac{V_S}{R_S}$ となる．

基準抵抗 R_S には高周波でも純抵抗であることが要求される．これまで，リアクタンス分が無視できる構造の抵抗の開発が行われてきた．従来は巻線抵抗器や金属皮膜抵抗が使用されていたが，現在は小型でリード線のない**チップ抵抗**が広く使われている．図9.5 に各高周波用抵抗器の代表的な例を示す．

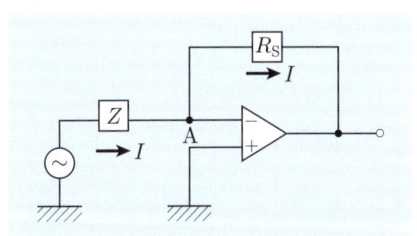

図9.4 基準抵抗 R_S と演算増幅器の役割

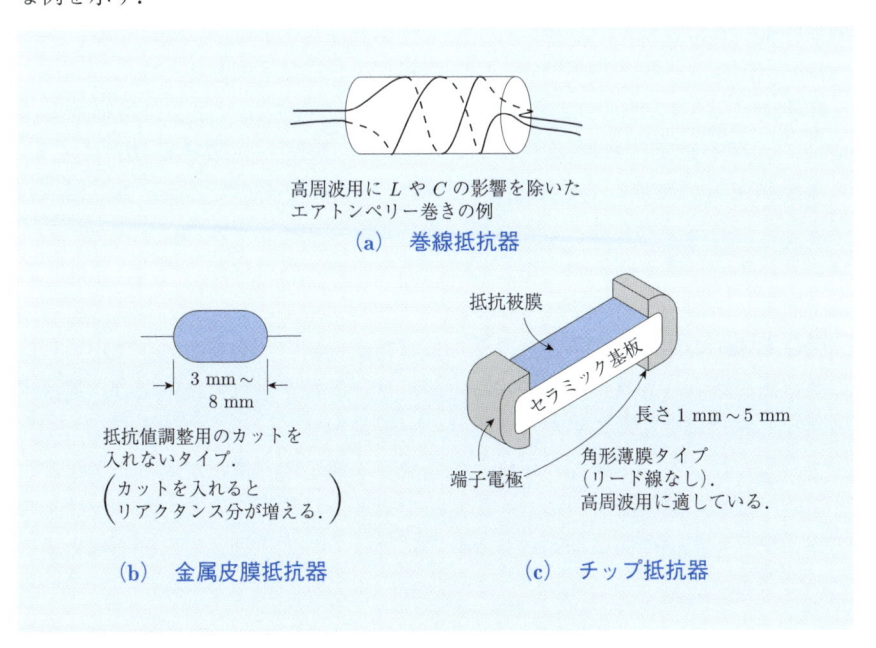

高周波用に L や C の影響を除いたエアトンペリー巻きの例
(a) 巻線抵抗器

3 mm～8 mm

抵抗値調整用のカットを入れないタイプ．
(カットを入れるとリアクタンス分が増える．)

(b) 金属皮膜抵抗器

抵抗被膜
セラミック基板
長さ 1 mm～5 mm
端子電極
角形薄膜タイプ
(リード線なし)．
高周波用に適している．

(c) チップ抵抗器

図9.5 各種高周波用基準抵抗

9.4 LCRメータと試料の接続方法

交流測定では直流測定とは異なる測定上の注意がある．

それは**浮遊容量**の存在である．測定装置間，測定装置とケーブル間，2本のケーブル間などの空間は静電容量の性質を有していて，測定周波数が高くなるほど無視できない．

微小抵抗の測定でリード線の抵抗の影響を除くために，通常の二端子測定法（図9.6 (a)）の代わりに四端子測定法（図9.6 (c)）を用いることは，抵抗測定の章で既に紹介した．

しかし，交流測定では，二端子測定におけるリード線の線間に浮遊容量が存在し，図9.6 (a) のように，被測定インピーダンス Z_X に対し，浮遊容量 C によるインピーダンス Z_C が無視できなくなる場合である．

このとき，Z_X の周辺をリード線も含めてシールドし，そのシールドの電位をアースすることにより，浮遊容量 C の測定への影響を除くことができる．

シールド線とは，中心に細い導体芯線があり，それを高絶縁材で覆い，さらにその外側を網目状細線で囲ったもので，この外側の網目状細線がアースに接続されることによって，芯線に対してシールドの効果を持つことになる．

リード線にシールド線を用いる，この測定法を**三端子測定法**と呼ぶ．

最終的には，広範囲の大きさの被測定インピーダンス Z_X に対応するように，三端子測定法と四端子測定法の両方を合体した 図9.6 (d) に示す，**五端子測定法**が通常のインピーダンス測定法では一般的である．測定用の四端子とアース端子で五端子と称している．通常のディジタル LCR メータのフロントパネルには五端子測定用として，高電位側と低電位側の電流，電圧の四端子とアース端子が用意されている．

図9.6 (e) の**四端子対測定法**はさらに高精度の測定が必要なときに用いられる測定法である．五端子測定法において，リード線が平行で長い場合，電流用のリード線で発生した磁界が電圧用リード線に影響し，そこに誘導起電力が発生することによる，電圧源の電圧と被測定対象端子間の電圧が大きく異なることを防ぐための接続法が四端子対測定法である．電源からの入力がケーブルの芯線とシールド線の間に加えられることによって，電磁誘導の影響を抑えることができる．

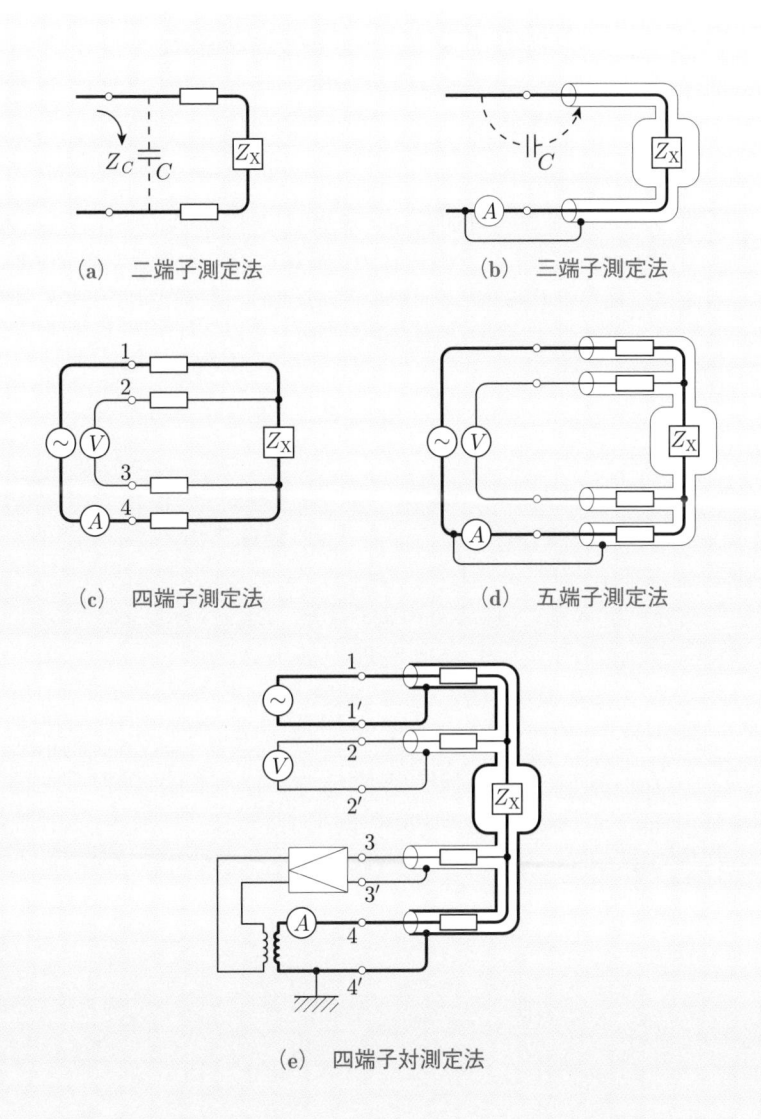

9.4 LCRメータと試料の接続方法

(a) 二端子測定法

(b) 三端子測定法

(c) 四端子測定法

(d) 五端子測定法

(e) 四端子対測定法

図9.6 様々なLCRメータと被測定対象間の接続法

9.5 その他のインピーダンス測定法

近年はディジタル LCR メータを用いることによって,ほとんどの場合,簡便で,精密な,インピーダンス,コンデンサ,コイル,抵抗成分などの測定ができる.

しかし,インピーダンス計測には,歴史的には,これまで,広く,**交流ブリッジ**が用いられてきた.4個の素子と零検出器と発振器で構成された交流ブリッジは対称形の単純で美しい形から,長年人々に愛されてきた.それゆえ,ここでは,交流ブリッジの基本概念を理解しておく.

図9.7 (a) に交流ブリッジの基本回路を示す.電気回路で学習した直流でのホイートストンブリッジと同じく,平衡条件は,零検出器が0のときに,以下の式で表される.

$$Z_1 Z_4 = Z_2 Z_3 \quad (9.1)$$

数多くの交流ブリッジがあるが,ここでは,図9.7 (b) に示す,代表的な**マクスウェルブリッジ**を例として,自己インダクタンス L_3 とコイルの抵抗成分(損失分)R_3 を他の辺の既知の値 R_1, R_2, R_4, C_2 から求めてみる.

(9.1) 式にマクスウェルブリッジの各辺を代入すると,

$$R_1 R_4 = (R_3 + j\omega L_3) \left\{ \frac{1}{R_2} + j\omega C_2 \right\}^{-1} \quad (9.2)$$

(9.2) 式を整理して,実数部と虚数部がそれぞれ等しいとして,2式で表すと,実数部は $R_1 R_4 = R_2 R_3$,虚数部は $C_2 R_1 R_4 = L_3$.

よって,結局,被測定インダクタンス L_3 は $C_2 R_1 R_4$ で求まり,被測定抵抗 R_3 は $\frac{R_1 R_4}{R_2}$ で得られることがわかる.

(a) 交流ブリッジの基本回路 (b) マクスウェルブリッジ

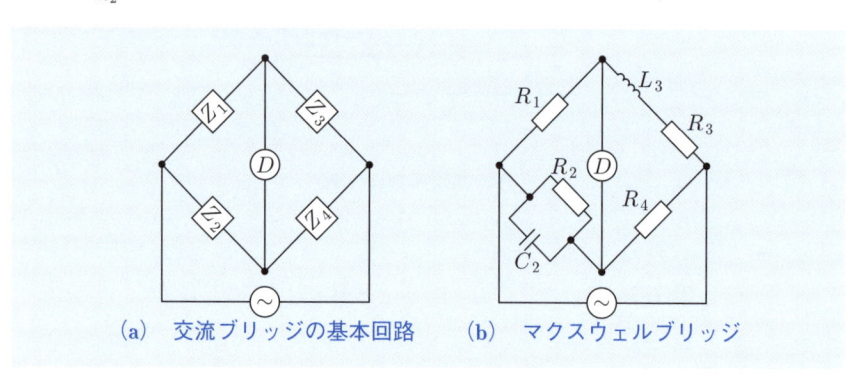

図9.7　交流ブリッジの基本回路と代表例のマクスウェルブリッジ

9.5 その他のインピーダンス測定法

コンデンサ C やコイル L の質（Quality），Q という概念がある．これは C や L に抵抗分 R が含有する程度を示すバロメータで，LCR 直列共振回路では以下の式で表され，R が小さいほど，Q が大きくなることがわかる．

$$Q = \frac{\omega L}{R} = \frac{1}{\omega C R} \tag{9.3}$$

この Q は図9.8 の Q メータを用いて，簡単に測定することができる．すなわち，C を可変させて，V_C が最大になったとき，$\omega_0 L = \frac{1}{\omega_0 C}$．このときの電流 $I_0 = \frac{E_0}{R}$．ゆえに，$V_C = \frac{I_0}{j\omega_0 C} = \frac{E_0}{j\omega_0 CR}$．結局，$Q = \frac{1}{\omega_0 CR} = \frac{|V_C|}{E_0}$．

回路の入力電圧とコンデンサの端子間電圧の比より Q が求まることがわかる．

例題9.1

図9.9 の交流ブリッジはコンデンサ C_X 測定用のウィーンブリッジである．この平衡条件を求めよ．

【解答】 $\frac{R_2}{R_3} = \frac{C_X}{C_1} + \frac{R_1}{R_X}$, $\omega^2 C_1 C_X R_1 R_X = 1$

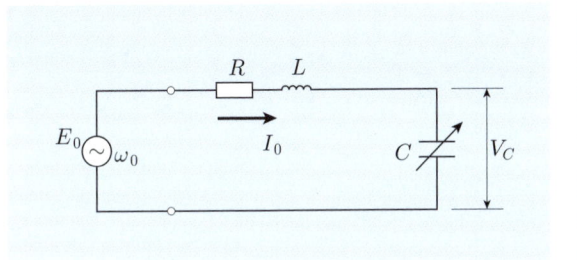

図9.8 Q メータの基本回路　　　図9.9

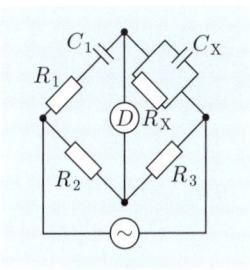

● 耳は最高の零検出器？ ●

驚くなかれ，少し前までは交流ブリッジの零検出器にはヘッドホンのマーク．実際に耳で聴いて，音が聞こえなくなったときをゼロとする．人間の聴力が一番の零検出器？ 試してみたい！

9章の問題

9.1 あるインピーダンス Z_0 を交流で測定した際の実軸上の成分，すなわち抵抗成分 R_0 は，抵抗 R に直列にインダクタンス L，それらに並列にキャパシタンス C が存在する場合，交流での測定時の抵抗成分 R_0 は直流時の抵抗 R より，$\{(1-\omega^2 LC)^2 + (\omega CR)^2\}$ の逆数倍の減少となることを証明せよ．

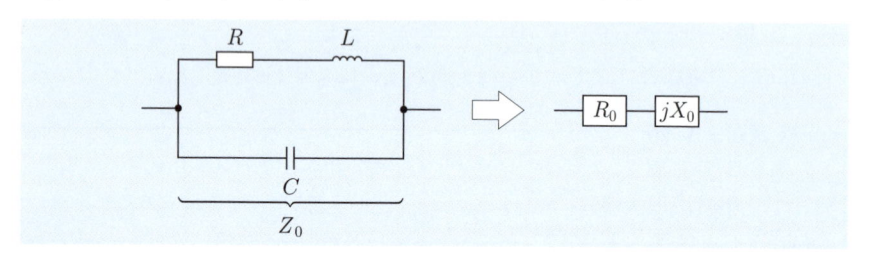

9.2 LCR メータでは原理的に交流での位相変化が無視でき，純抵抗として機能する抵抗の存在が不可欠である．その理由と実際にどのような形態の抵抗が使われているか述べよ．

9.3 インピーダンス測定では二端子測定法ではなく，少なくとも三端子測定法が不可欠といわれる理由を述べよ．

9.4 Q とは何か．知っていることを述べよ．

第10章

電力測定

　本章では電力の測定について学ぶ．電力は電圧と電流の積である．直流の場合，電力は単純な電圧と電流の積であるが，交流の場合は電圧と電流の間の位相差によって，電力の値は異なる．また，商用電力では単相電力と三相電力があるので，両方の測定法について考える．

　高周波やマイクロ波の電力の測定法についても学ぶ．また，電力量についても調べる．

■ 10章で学ぶ概念・キーワード
- 電力とは
- 直流電力測定法
- 単相交流電力測定法
- 多相交流電力測定法
- 高周波・マイクロ波電力測定法
- 電力量の測定法

第10章 電力測定

10.1 電力とは

電力は電圧と電流の積である．それゆえ，電力は電圧と電流を同時に測定することによって求められる．

直流電力 P の測定は，直流電圧 V と直流電流 I を同時に測定すればよい．

一方，**交流電力** $P(t)$ は交流電圧 $v(t)$ と交流電流 $i(t)$ の積から得られる．

ここで，信号は正弦波として，電圧と電流の間に ϕ の**位相差**があるとすると，

$$v(t) = \sqrt{2}V_\mathrm{m}\sin\omega t, \quad i(t) = \sqrt{2}I_\mathrm{m}\sin(\omega t - \phi)$$

ゆえに，単位時間当たりの瞬時電力 $P(t)$ は周期を T とすると，

$$\begin{aligned}P(t) &= \frac{1}{T}\int_0^T v(t)\cdot i(t)dt \\ &= \frac{1}{T}V_\mathrm{m}I_\mathrm{m}\int_0^T \{\cos\phi(1-\cos 2\omega t) - \sin\phi\sin 2\omega t\}dt \\ &= V_\mathrm{m}I_\mathrm{m}\cos\phi\end{aligned}$$

すなわち，交流の場合は，電力は単純な電圧と電流の積ではなく，両者の位相差 ϕ が $\cos\phi$ の形でかかわってくることがわかる．この $\cos\phi$ を**力率**という．図 10.1 に交流電力にかかわる電圧と電流の関係を示す．これは図 10.2 に示すように，測定回路の負荷の性質に大きくかかわっている．負荷が抵抗のみの場合は電圧と電流に位相差は発生せず，同期しているので，ϕ は 0 となり，$\cos\phi$ は 1 で，交流電力 P は単純に $V_\mathrm{m}I_\mathrm{m}$ となる．負荷が抵抗分の他にリアクタンス成分，すなわち，キャパシタンスやインダクタンスの要素を含んでいると，電圧と電流の間に位相差が生じる．

電圧と電流の積で表される電力も，交流の場合は電圧と電流の位相の差が存在するゆえに，すなわち，負荷に抵抗成分の他にリアクタンス成分が含まれていることによって，結果的に 3 種類の名称で呼ばれる電力の状態ができる．

それらは，**消費電力**と**皮相電力**と**無効電力**である．それぞれの電力は P, S, Q の記号で表す．図 10.3 にその関係を示す．

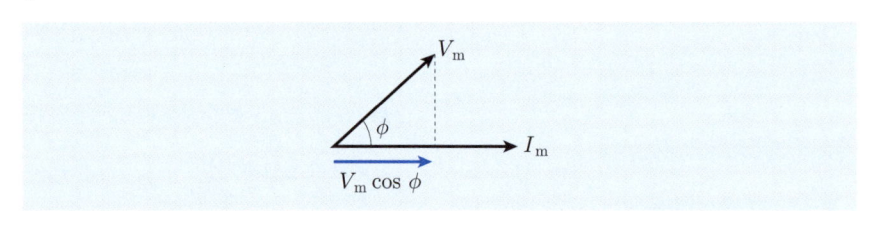

図 10.1　交流電力にかかわる電圧と電流の関係

10.1 電力とは

通常，私たちが一般に電力と称しているのが，消費電力 P で，これは負荷の抵抗分によってエネルギーとして消費される電力のことである．図 10.3 でいえば，実軸上の電圧と電流の積である．この電力は**有効電力**ともいう．単位は W ある．

無効電力 Q は負荷のリアクタンス分に発生する電力で，消費電力 P とちょうど 90°位相が異なる方向の電力で，電気エネルギーの消費が伴わない電力である．図 10.3 でいえば，虚軸上の電圧と電流の積である．単位は Var という．すなわち，volts-amperes-reactive のことで，通常バールと呼んでいる．

皮相電力 S は消費電力と無効電力のベクトル和で，単位は VA でボルトアンペアと呼ぶ．位相差を考えない，単純な電圧と電流の積である．

また，交流電力は使用する送電線数により，二線での単相電力と三線以上での**多相電力**に分かれる．ただし，ここでは多相としては一般的な**三相電力**について考える．

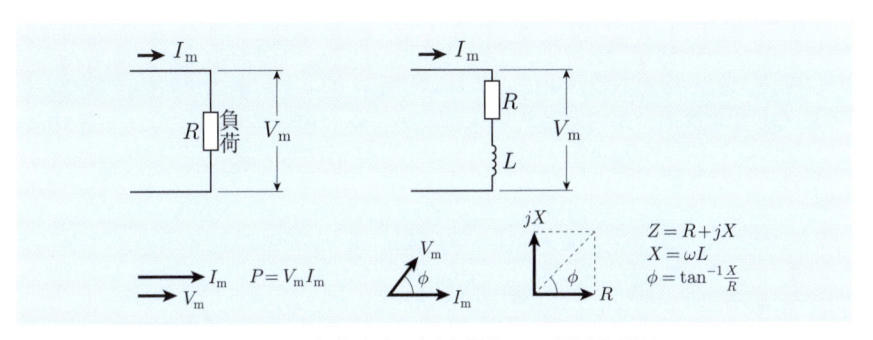

図 10.2 負荷を含む測定回路での電圧と電流

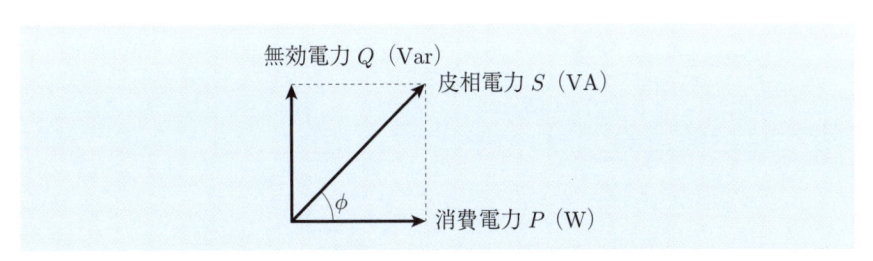

図 10.3 消費電力と皮相電力と無効電力の関係

10.2 直流電力測定法

直流電力を測定するために，電圧計と電流計を電圧源と負荷の回路間に接続する．

その接続方法は図 10.4 に示すように，2 種類の方法が考えられる．電圧計と電流計はそれぞれ内部抵抗を有しているので，双方の等価回路はそれぞれの測定回路の下の図のようになる．

電気回路で学んでいるように，測定器を接続することによって，元の回路と異なる回路状態になることがわかる．負荷抵抗の大きさに合わせて，影響の少ない方の接続法を選択することが望ましい．

一般に，電圧計の内部抵抗は大きく，電流計の内部抵抗は小さくなるように設計されている．

それゆえ，負荷抵抗が大きいときには図 10.4 (a) の接続，負荷抵抗が小さいときには図 10.4 (b) の接続が測定器の影響を少なくすることができる．

電圧計と電流計の双方の機能を有する簡便な電力測定器として，4 章で学んだ，電流力計形指示計器がある．これは固定コイルと可動コイルの 2 種類のコイルに流れる電流によって発生する磁束の力を利用する構造である．図 10.5 に示すように，この測定器も負荷の大きさに応じた 2 種類の接続法がある．

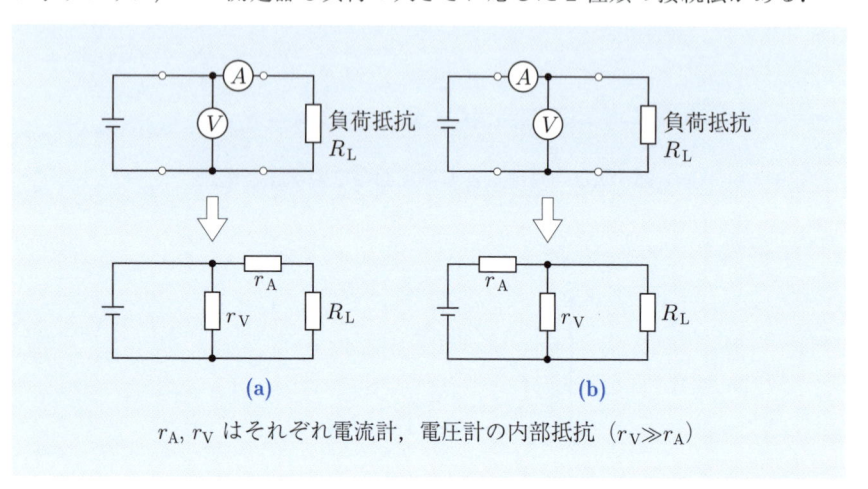

r_A, r_V はそれぞれ電流計，電圧計の内部抵抗（$r_V \gg r_A$）

図 10.4　直流電力測定における電圧計と電流計の接続法およびその等価回路

10.2 直流電力測定法

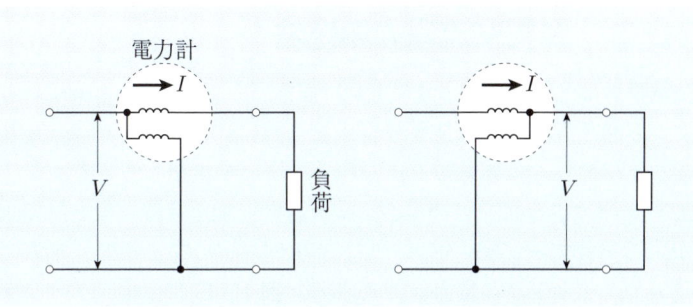

図 10.5 電流力計形電力計の 2 種類の接続法

■ **例題 10.1** ■

電流力計形電力計を負荷抵抗の電力測定のために，図 10.6 のように接続したとき，電力計での測定電力（図面）P_m と実際の負荷の電力 P を求めよ．なお，計算は図に示された値を用いて行うこと．

【解答】 電力計の測定電力 P_m は図中の V_m と I_m の積である．この場合，$V_\mathrm{m} = E = 100\,[\mathrm{V}]$，$I_\mathrm{m} = I = 2\,[\mathrm{A}]$．よって，

$$P_\mathrm{m} = V_\mathrm{m} I_\mathrm{m} = EI = 100\,[\mathrm{V}] \times 2\,[\mathrm{A}] = 200\,[\mathrm{W}]$$

一方，実際の負荷の電力 P は図中の V と I の積である．$I = 2\,[\mathrm{A}]$ であるが，V は E から電流コイルの内部抵抗 r_i での電流 I_m による端子間電圧 $r_\mathrm{i} I_\mathrm{m}$ を引いた値となる．ゆえに，

$$P = VI = (E - r_\mathrm{i} I_\mathrm{m})I$$
$$= (100\,[\mathrm{V}] - 2\,[\Omega] \times 2\,[\mathrm{A}]) \times 2\,[\mathrm{A}] = 192\,[\mathrm{W}]$$

この場合，電力計の表示は実際の負荷の電力より約 4% 大きな値を表示する． ■

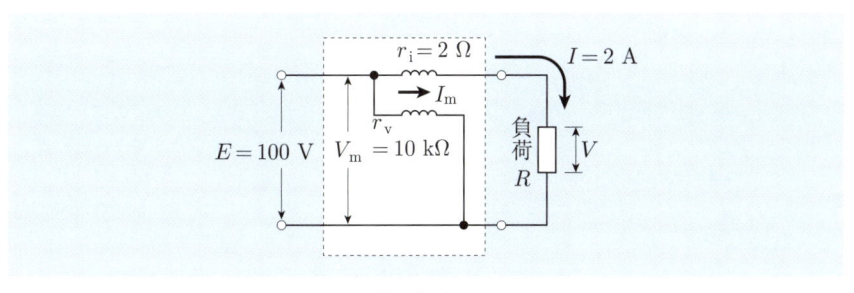

図 10.6

10.3　単相交流電力測定法

単相交流電力は私たちにとって最も身近な電力である．主に，家庭などに引き込まれている**商用周波数**（東日本が50 Hz，西日本が60 Hz）の交流電圧100 Vの電力のことで，三相送電線の2本を用いて交流を供給している．

図10.7 に示すように，この場合も電流力計形指示計器の電力計で測定可能であるが，近年はディジタル電力計が広く出回っていて，手軽に電力測定ができる．代表的な**ディジタル電力計**の原理図を図10.8 に示す．ディジタルオシロスコープのサンプリングの技術が応用されている．これらの負荷回路への接続は電流力計形と同じである．電圧入力側はアナログ電圧入力を分圧器と演算増幅器とアナログ–ディジタル（A/D）変換器でディジタル電圧信号とする．一方，電流入力側はアナログ電流入力を分流器と演算増幅器とアナログ–ディジタル（A/D）変換器で同じくディジタル電圧信号に変換される．これらが次の演算部のディジタルシグナルプロセッサ（DSP）に送られ，ここではサンプリングしたディジタル値を消費電力などに変換処理し，さらに一定時間の加算後，サンプリング数で除して消費電力の測定値として表示する．

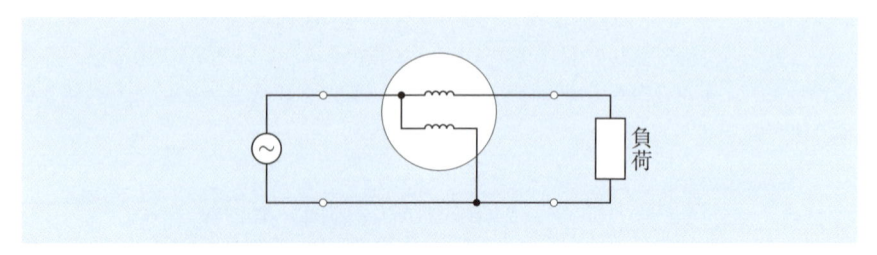

図10.7　交流単相電力測定用電流力計形電力計の接続法

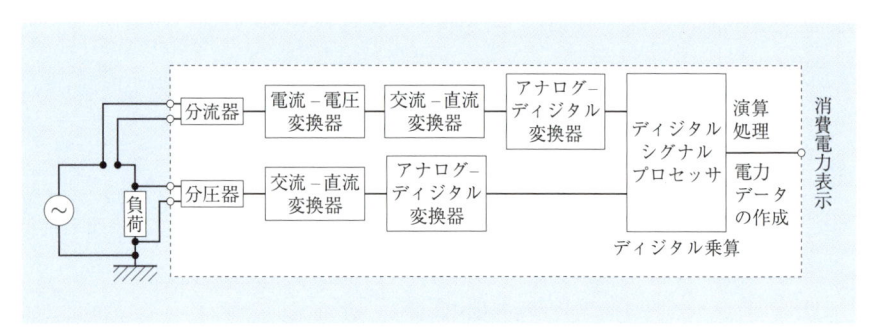

図10.8　ディジタル電力計の測定原理

10.3 単相交流電力測定法

これまで紹介した電力測定器は電流力計形電力計もディジタル電力計も被測定回路の電線を流れる電流量を知るために，通電状態の電線を切って，その間に電力測定器の電流測定端子を接続するというわずらわしさがある．

それを避けるために，7 章の 7.2 節の大電流の測定で紹介したクランプ式電流計と同様の原理を応用した**クランプ式電力計**の構造を**図 10.9** に示す．この方法によって電線を切らずに電力情報を取り込むことができる．

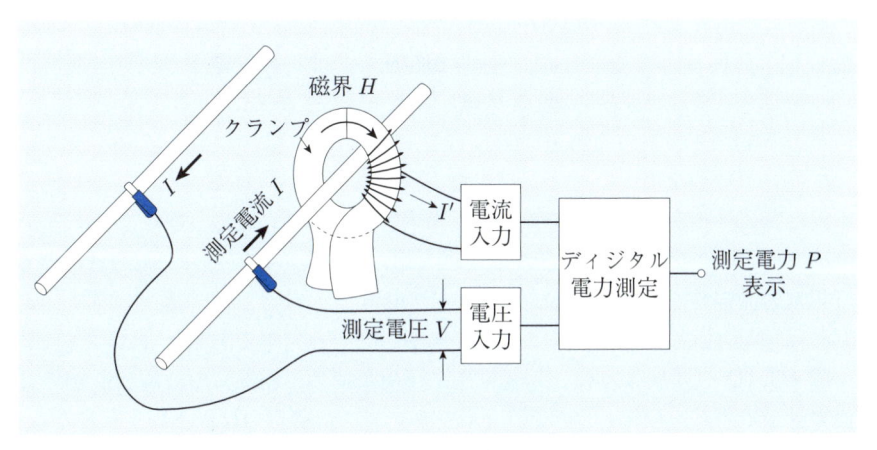

図 10.9 クランプ式電力計

例題 10.2

負荷インピーダンス Z が $Z = R + jX = 3 + j4\,[\Omega]$ のとき，交流単相電力の皮相電力 S，力率 $\cos\phi$，消費電力 P，無効電力 Q を求めよ．ただし，このときの交流電圧 V は 100 V である．

【解答】 負荷インピーダンス Z の絶対値は $\sqrt{3^2+4^2}=5\,[\Omega]$ である．ゆえに，このときの電流 I は 電圧÷インピーダンス から，$\frac{100}{5}=20\,[\mathrm{A}]$ となる．

そこで，皮相電力 S は 電圧×電流 ゆえ，$100\,[\mathrm{V}] \times 20\,[\mathrm{A}] = 2\,[\mathrm{kVA}]$．力率 $\cos\phi$ は $\frac{R}{\sqrt{R^2+X^2}}$ であるから，$\frac{3}{\sqrt{3^2+4^2}}=0.6$．

ゆえに，消費電力 $P = S\cos\phi$ から，$2 \times 0.6 = 1.2\,[\mathrm{kW}]$ となる．

また，無効電力 $Q = S\sin\phi$ から，$2 \times \frac{4}{\sqrt{3^2+4^2}} = \frac{8}{5} = 1.6\,[\mathrm{kVar}]$ となる．

10.4 多相交流電力測定法

ここでは，多相交流電力のうちでも，発電所から工場などへ通常広く送電されている**三相交流電力**の測定法について考える．

基本的には，平衡電圧，平衡負荷での三相電力の全電力はひとつの負荷での消費電力を3倍すればよい．たとえば，図10.10 のような場合には，ひとつの負荷での消費電力 P_n が $V_P I \cos\phi$ であるから，全電力 P は3倍の P_n，すなわち $3V_P I \cos\phi$ となる．なお，V_P は**相電圧**という．**線間電圧** V との関係は，$V = \sqrt{3} V_P$ であるから，全電力 P は $\sqrt{3} V I \cos\phi$ である．

ところで，三相電力の測定に関しても，今日では，たとえば，ディジタルサンプリング技術を用いたディジタル電力計が広く用いられているが，その測定原理は既に単相交流電力測定で説明した内容と基本的に変わらない．

そこで，ここでは，**ブロンデルの定理**を用いた2個の電流力計形電力計による三相電力測定について考える．ブロンデルの定理とは「N 相の電力は $(N-1)$ 個の単相電力計により求めることができる」という定理である．

図10.10 に示すように，平衡電圧，平衡負荷の三相電力の3線に2個の電流力計形電力計を接続したとき，それぞれの電力計の電力は以下のようになる．

$$P_{12} = V_{12} I_1 \cos(30° + \phi), \quad P_{32} = V_{32} I_3 \cos(30° - \phi)$$

ここで，平衡電圧，平衡負荷の三相電力ゆえ，$V_{12} = V_{32} = V$，$I_1 = I_3 = I$ となるから，結局，$P_{12} + P_{32} = \sqrt{3} V I \cos\phi$

これは上記の全電圧 P に等しい．ゆえに，ブロンデルの定理通り，2個の電力計で三相の全電力を求められることがわかる．

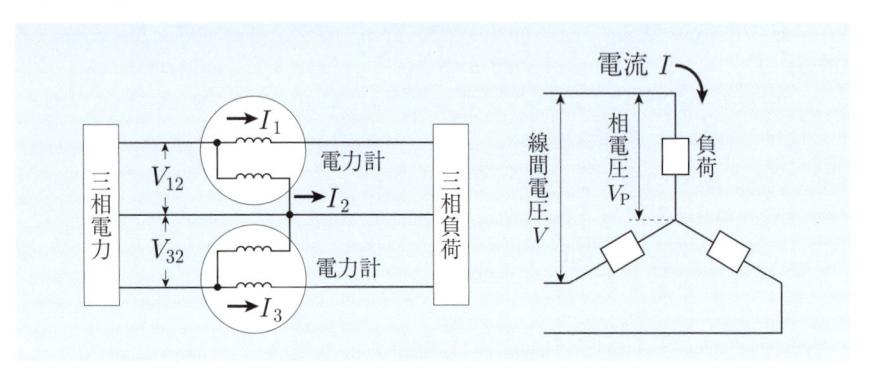

図10.10　2個の電流力計形電力計による三相交流電力の測定

10.4 多相交流電力測定法

電力測定において，力率 $\cos\phi$ も重要な情報である．

力率 $\cos\phi$ は消費電力 P と皮相電力 S の比である．すなわち，

$$\text{力率：} \quad \cos\phi = \frac{P}{S} = \frac{P}{VI}$$

三相電力では 2 個の電力 P_{12}, P_{32} の比より力率を求めることができる．前述のように，

$$P_{12} = VI\cos(30° + \phi), \quad P_{32} = VI\cos(30° - \phi)$$

ゆえに，

$$P_{32} - P_{12} = VI\sin\phi, \quad P_{32} + P_{12} = \sqrt{3}VI\cos\phi$$

よって，

$$\frac{P_{32} - P_{12}}{P_{32} + P_{12}} = \frac{\tan\phi}{\sqrt{3}}$$

そこで，力率 $\cos\phi = \dfrac{1}{\sqrt{1+\tan^2\phi}}$ に上式を代入，

$$\cos\phi = \frac{1}{\sqrt{1+\tan^2\phi}} = \frac{1}{\sqrt{1+\frac{3(P_{32}-P_{12})^2}{(P_{32}+P_{12})^2}}} = \frac{1}{\sqrt{1+\frac{3\left(1-\frac{P_{12}}{P_{32}}\right)^2}{\left(1+\frac{P_{12}}{P_{32}}\right)^2}}} \tag{10.1}$$

■ 例題 10.3 ■

平衡電圧，平衡負荷の三相電力の 3 線上の 2 個の電力計 P_{12} と P_{32} の値がそれぞれ，200 W と 400 W であった．このときの力率 $\cos\phi$ を上の (10.1) 式を用いて算出せよ．

【解答】 $\dfrac{P_{12}}{P_{32}}$ が 0.5 ゆえ，これを (10.1) 式に代入して，計算すると，力率 $\cos\phi$ は $\dfrac{\sqrt{3}}{2}$，すなわち，0.866 である（力率は単位なし）．

● わが国の電力事情 —— 東日本と西日本の周波数が違うのはなぜ？ ●

明治のはじめ，わが国で発電事業が始まったとき，東京では最初，直流発電だった！ 少し遅れて，大阪ではアメリカから機械を購入して交流（60 Hz）の発電が始まった．その後，東京でも電力需要が急激に増えて，交流に切り替える必要に迫られた．そのとき，東京の電力会社はドイツから交流発電機を購入した．それは 50 Hz だった．そこから，世界的にも珍しい，1 つの国での 2 種類の電源周波数の共存が始まる．第二次世界大戦直後など何度か周波数を統一させるチャンスはあったが，経済的な理由などで実践できず，今日に至っている．この弊害は，3.11 の大震災後，関東地区での電力不足を西日本から自由に電力供給できないという現実で体感させられた．

10.5 高周波・マイクロ波電力測定法

直流や低周波では，電力は電圧と電流の積ということで説明してきた．しかし，周波数が高くなってくると，電圧や電流がきちんと測定できない状態になってくる．実際に，数 MHz から数百 GHz の高周波あるいはマイクロ波の電力測定においては，そのときの電圧や電流を測定して電力を定めることをやめ，被測定電力が持っている熱量を利用する方法を取り入れる．同じ熱量となる直流電力と比較する方法である．具体的には，カロリーメータ電力計あるいはボロメータ電力計と称する測定器が用いられる．

図 10.11 によく用いられる置換型カロリーメータ電力計の概念図，図 10.12 にはブリッジ回路の組み込まれたボロメータ電力計の概念図を示す．

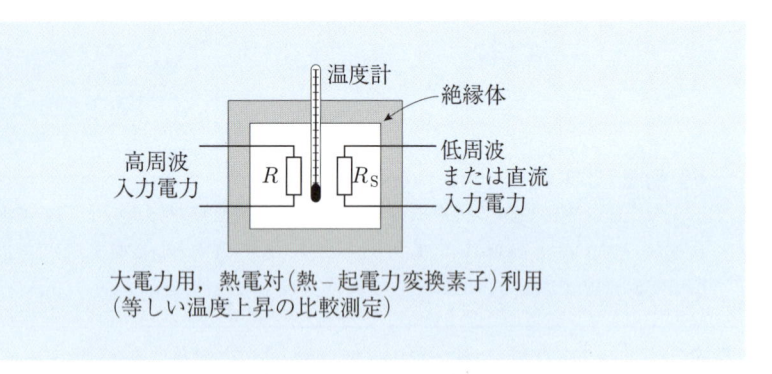

温度計　絶縁体
高周波入力電力　R　R_S　低周波または直流入力電力

大電力用，熱電対（熱-起電力変換素子）利用
（等しい温度上昇の比較測定）

図 10.11 置換型カロリーメータ電力計の概念図

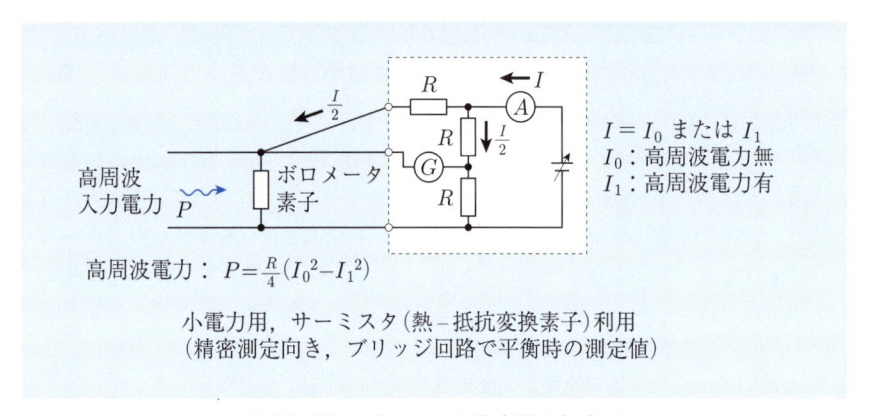

高周波入力電力 P　ボロメータ素子

$I = I_0$ または I_1
I_0：高周波電力無
I_1：高周波電力有

高周波電力：$P = \dfrac{R}{4}(I_0^2 - I_1^2)$

小電力用，サーミスタ（熱-抵抗変換素子）利用
（精密測定向き，ブリッジ回路で平衡時の測定値）

図 10.12 ボロメータ電力計の概念図

10.6 電力量の測定法

電力量とは電力と時間の積である．最近は**電子式電力量計**も普及し始めているが，多くは，家庭でよく見かけるアルミ円盤がクルクル回っている，**誘導形電力量計**である．図10.13 に誘導形単相電力量計の仕組みを示す．

電圧コイルと電流コイルの巻き数の違いから，それぞれに発生する磁束の位相差の違いを利用して移動磁界を起こさせ，円盤の渦電流と磁界の相互作用により円盤を回転させている．その回転数から消費電力を計測する．

なお，電子式電力量計は図10.14 に示すように，ディジタル電力計の原理の応用で，電圧と電流の乗算と積分の後に表示するシステム構成で，様々なデータの処理が遠隔操作できることから，今後は急速に普及すると思われる．

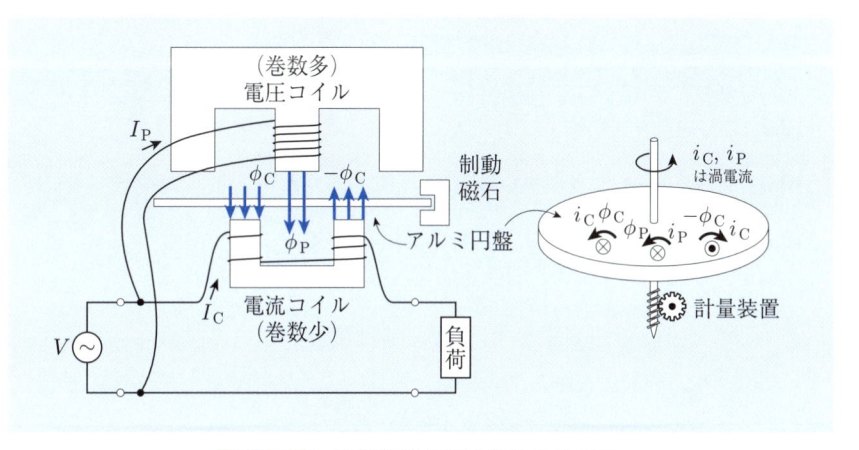

図10.13 誘導形単相電力量計の仕組み

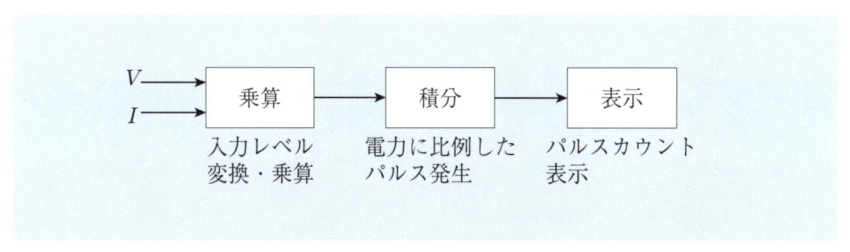

図10.14 電子式電力量計の構成

10章の問題

10.1 電流力計形電力計を負荷抵抗の電力測定のために，図のように接続したとき，電力計での測定電力 P_m と実際の負荷の電力 P を求めよ．なお，計算は図に示された値を用いて行うこと．

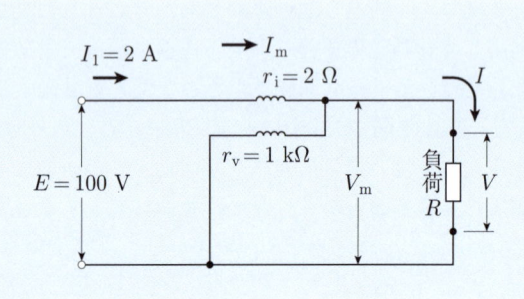

回路図：$I_1 = 2$ A, I_m, $r_i = 2\ \Omega$, $r_v = 1\ \text{k}\Omega$, $E = 100$ V, V_m, 負荷 R, V, I

10.2 次の言葉を説明せよ．①クランプ式電力計，②ブロンデルの定理

10.3 高周波あるいはマイクロ波の電力測定の測定法について述べよ．

10.4 誘導形単相電力量計はどのような仕組みか述べよ．

第11章

磁気測定

　本章では磁気の測定について学ぶ．最初に磁気の種類とその単位について整理しておく．

　磁気測定は，空間での磁界や磁束の測定と，磁気材料における磁気特性の測定や鉄損の測定に大別できるゆえ，それぞれについて学習する．SQUIDと超微弱磁気計測についても学ぶ．

■ 11章で学ぶ概念・キーワード
- 磁気の種類と単位
- 磁気測定の分類
- 空間の磁界の強さ
　　・磁束密度の測定法
- SQUIDと超微弱磁気測定
- 磁性材料の磁気特性の測定
- 鉄損の測定

11.1 磁気の種類と単位および磁気測定の分類

磁気の種類としては**磁束** ϕ, **磁束密度** B, **磁界の強さ** H がよく知られている. 磁束 ϕ と磁束密度 B との間には, S を磁束の鎖交する面積 $[\text{m}^2]$ とすると, $\phi = BS$ の関係がある.

磁束密度 B と真空中の磁界の強さ H の間には, **真空の透磁率** $\mu_0 (= 4\pi \times 10^{-7})$ を用いて, $B = \mu_0 H$ の関係にあるが, 磁性体中での磁界の強さ H と磁束密度 B の関係は, $B = \mu_0 \mu_r H$ となる. ここで, μ_r は磁性体の比透磁率である.

表11.1 に磁束 ϕ, 磁束密度 B, 磁界の強さ H について, 現在, 一般に用いられている SI (国際単位系) における単位と従来用いられてきた cgs 単位系における単位, また, その両者の関係を示す.

磁気測定は大別すると, **表11.2** に示すように, 空間における磁界の強さや磁束密度を測定する場合と, 磁性材料の磁気的な特性, 具体的には, 磁化曲線の測定や鉄損の測定があげられる.

表11.1 磁気の種類と単位

種類	SI (国際単位系)	cgs 単位系	両単位系の関係
磁束 ϕ	ウェーバ [Wb]	マクスウェル [Mx]	$1\,[\text{Mx}] = 10^{-8}\,[\text{Wb}]$
磁束密度 B	テスラ [T]	ガウス [G]	$1\,[\text{G}] = 10^{-4}\,[\text{T}]$
磁界の強さ H	アンペア/メートル $[\text{A} \cdot \text{m}^{-1}]$	エルステッド [Oe]	$1\,[\text{Oe}] = \frac{10^3}{4\pi}\,[\text{A} \cdot \text{m}^{-1}]$

表11.2 磁気測定の分類

(a)	空間における磁界の強さ, 磁束密度の測定など
(b)	磁性材料の磁気特性の測定 (磁化曲線測定, 鉄損測定など)

11.2　空間の磁界の強さ・磁束密度の測定法

最初に，私たちの身の周りでの，磁界の強さや磁束密度がどの程度であるかを 図11.1 に示す．

これまで，磁束，磁界の強さ，磁束密度を測定するための様々な測定法が用いられてきた．

ファラデーの電磁誘導の原理を応用した**さぐりコイル**による磁束の測定や，**磁気変調器**の原理を用いた**フラックスゲート磁力計**による磁界の強さの測定などは有名である．しかし，近年，簡便で広く普及している磁気測定器は**ホール効果**を用いたものである．このホール効果は磁束密度の測定に広く用いられている．ホール素子は構造が単純で，可動部がなく，小型化できることから，狭い空間などの磁界測定にも有用である．

図11.2 にホール効果による磁束密度測定の原理図を示す．

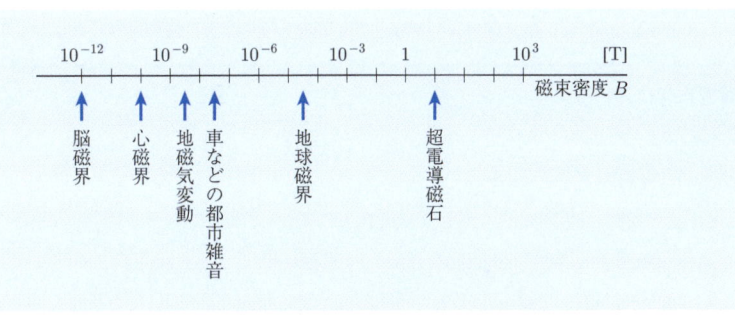

図11.1　身の周りの磁界の強さおよび磁束密度

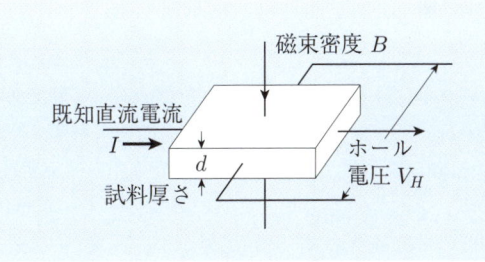

図11.2　ホール効果による磁束密度測定の原理

ホール素子としての小型薄板の半導体素子がよく用いられる．このホール素子をそれぞれが直角の関係にある XYZ の3軸の中心に置き，X 軸方向に既知直流電流 I を流し，Z 軸上に磁束密度 B の磁界が存在するとき，その磁界の影響を受けて，ホール素子内の X 軸方向の電子の流れが**ローレンツ力**によって Y 軸方向に曲げられる現象である．このことによって，Y 軸方向に起電力が発生する．このホール素子の Y 軸端子間の起電力を**ホール電圧** V_H と呼ぶ．また，この一連の現象をホール効果という．ホール電圧 V_H は次式で表される．

$$V_H = \frac{R_H B I}{d} \tag{11.1}$$

ここで，R_H はホール素子材料によって定まるホール定数，d は素子の厚さである．この式から，V_H を測定することによって，磁束密度 B を求めることができる．

例題 11.1

R_H が $20\,\text{V}\cdot\text{m}\cdot\text{T}^{-1}\cdot\text{A}^{-1}$ で d が $1\,\text{mm}$ のホール素子を用いて，電流 I を $5\,\text{mA}$ 流したら，V_H が $40\,\text{mV}$ となった．このとき，磁束密度 B は何 T か．

【解答】 (11.1) 式より，

$$B = \frac{V_H d}{R_H I}$$

よって，各数値を代入すると，

$$B = \frac{40 \times 10^{-3} \times 10^{-3}}{20 \times 5 \times 10^{-3}} = 400\,[\mu\text{T}]$$

● ガウスの誘惑 ●

現在，私たちは SI を使わなければならない．磁束密度の単位は SI では T である．このテスラという単位は日常生活で見ると非常に大きな量である．1 T は直径 1 m もの大きな電磁石でようやく実現できる非日常的磁束密度で，日々に接している地球磁界は何と 0.0001 T 程度であり，電車などから出る磁束密度は 0.000001 T 程度といわれている．とにかく小さい．これでは昔使っていた単位が懐かしくなる．当時の磁束密度の単位はガウス．地球磁界が 1 G 程度だった．ちょうどよい．換算すると，1 T は 10000 G である．この日常的にはちょうどよい単位が恋しくて，実は今でも多くの人が誘惑に負けてガウスを使ってしまう．テスラは罪な単位である．

11.3 SQUIDと超微弱磁気測定

$10^{-10} \sim 10^{-14}$ T という超微弱な磁束密度の磁気が人間の心臓や脳から発生していることを観測可能になったのは,1960年代に SQUID と呼ばれる,手法の異なる2種類の**超高感度磁気検出器**が開発されたことによる.

SQUID(スクイド)とは Superconducting QUantum Interference Device の略称で,超電導量子干渉装置という.通常は液体ヘリウム温度で動作させる.

1個のジョセフソン接合を持った**超電導リング**からなり,交流で動作させる **rf SQUID** の概略図を図11.3 (a)に示す.また,測定磁束と出力電圧の関係を図11.3 (b)に示す.一方,2個のジョセフソン接合の超電導リングで,直流電流で動作させる **dc SQUID** の概略図を図11.4 (a)に示す.また,この I-V 特性と測定磁束と出力電圧の関係をそれぞれ,図11.4 の (b) と (c) に示す.

たとえば,図11.4 (b) で,$I = I_B$ のとき,磁束 ϕ を変えると Φ_0 周期の出力が得られる.Φ_0 は磁束の最小単位の**磁束量子**で,2.07×10^{-15} Wb の小さな値である.SQUID はこの特性結果を利用して超高感度磁気検出を行う.

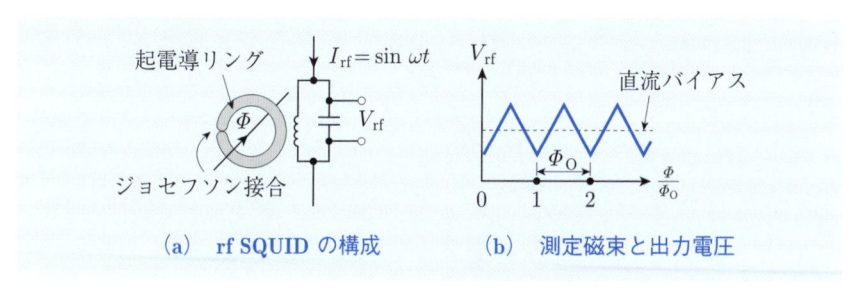

(a) rf SQUID の構成　　(b) 測定磁束と出力電圧

図11.3　rf SQUID の測定原理と特性例

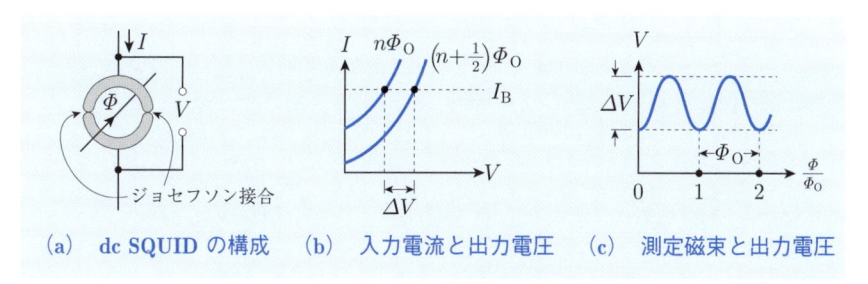

(a) dc SQUID の構成　(b) 入力電流と出力電圧　(c) 測定磁束と出力電圧

図11.4　dc SQUID の測定原理と特性例

11.4 磁性材料の磁気特性の測定

磁性材料の磁気特性は種々あるが，ここでは工学的に重要な，鉄などに代表される**強磁性体**のヒステリシスカーブを描く**磁化曲線**の測定法について学ぶ．

図 11.5 に代表的なヒステリシスを有する，磁束密度と磁界の強さの関係の磁化特性（**B-H 曲線**）を示す．

ヒステリシス状態となる現象を 図 11.6 に示す強磁性体の**磁区**で説明すると，最初は消磁されている強磁性体の磁界 $H=0$ における 図 11.6 **(a)** のような磁区状態から，図 11.6 **(b)** に示す $H=H_1$ のような増加による磁区の配列の変化が起き，図 11.6 **(c)** のように，$H=H_2$ 程度の大きさになると，磁区の回転が生じ，磁気モーメントが全て H 方向を向くようになる．その結果，さらに H を増やしても磁束密度 B がほぼ飽和する．このことから，その後，H を減少させ，$H=0$ としても，B はゼロに戻らず，**残留磁束密度** B_r となる．逆方向の H（$-H_c$）を加えて，ようやく B がゼロとなる．このときの H_c を**保持力**という．

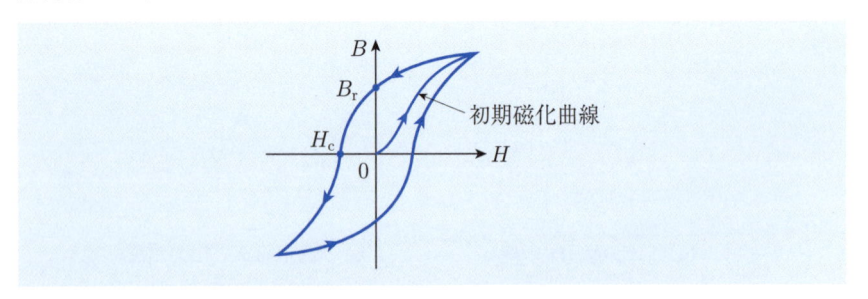

図 11.5　代表的な磁束密度と磁界の強さの関係の磁化特性（**B-H 曲線**）

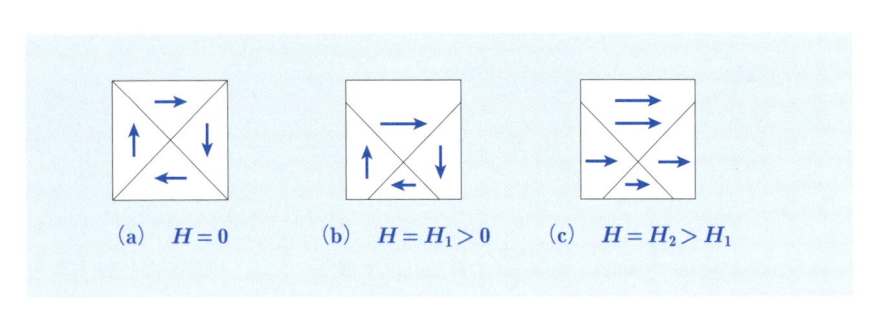

(a) $H=0$　　(b) $H=H_1>0$　　(c) $H=H_2>H_1$

図 11.6　磁界の強さ H と磁区の変化

B-H 曲線を得るための測定装置の一例を図11.7に示す．

B-H 曲線を得るための試料であるリング状鉄芯の一次側巻線 N_1 に直列に既知抵抗 R_1 を接続した回路に交流電源から電流 I_1 を流す．そのときの R_1 の端子間電圧 V_1 をオシロスコープの X 軸に接続する．試料のリング状鉄芯に発生する磁界の強さ H は電流 I_1 に比例する．また，I_1 は R_1 の端子間電圧 V_1 に比例する．それゆえ，結局，リング状鉄芯の磁界の強さ H は端子間電圧 V_1 に比例することになるから，オシロスコープの X 軸は磁界の強さ H を示している．すなわち，

$$V_1 = R_1 \cdot I_1 \quad \text{また} \quad I_1 \propto H, \quad \text{よって} V_1 \propto H$$

一方，リング状鉄芯の二次側巻線 N_2 に発生する電圧 V_2 は磁束 ϕ の時間微分に比例する．すなわち，

$$V_2 \propto \frac{d\phi}{dt} \propto S\frac{dB}{dt}$$

ここで，S はリング状鉄芯の断面積，B は二次側巻線 N_2 の磁束密度．

これは，逆にいえば，磁束密度 B は V_2 の時間積分に比例することになる．そこで，この V_2 を積分回路を通して得られる出力を V_0 とすると，この V_0 は磁束密度 B に比例することになる．すなわち，

$$V_0 \propto \int V_2 dt \propto B$$

ゆえに，この積分回路の出力 V_0 をオシロスコープの Y 軸に接続すると，結果的に，これは磁束密度 B と見なすことができる．以上の結果から，オシロスコープの画面上にリング状鉄芯の B-H 曲線を描くことができる．

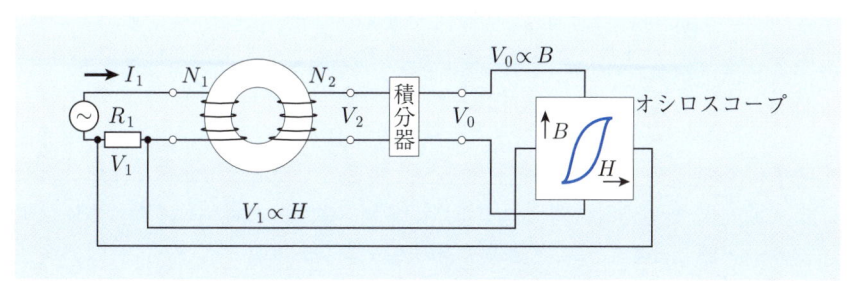

図11.7　B-H 曲線測定装置例

11.5 鉄損の測定

抵抗に電流が流れて発生するジュール熱によるエネルギー損失（銅損）とは異なり，ケイ素鋼板などの強磁性体を鉄芯に用いた変圧器などに発生するエネルギー損失を鉄損といい，これは電源周波数 f と電源電圧の大きさに比例する磁束密度 B にかかわっている．また，この鉄損の中身はヒステリシス損と渦電流損である．

ヒステリシス損はケイ素鋼板のような強磁性体内に生じるヒステリシスループの磁化特性によるエネルギー損失であり，熱になって消失する．鉄芯が強磁性体の変圧器の一次コイルに交流電流 I_1 が流れることで発生する交流磁界 H と磁束密度 B によるヒステリシスループの存在が強磁性体の磁区の磁気モーメントの動きの繰返しとなってエネルギーを奪い，結果的に熱になる．このヒステリシス損の大きさ P_h は電源周波数 f と電源電圧がかかわる磁束密度 B に依存している．すなわち，(11.2) 式のスタインメッツの式で表される．

$$P_h = k_h f B^{1.6} \tag{11.2}$$

なお，ここで k_h は磁性材料により決まる定数．

一方，渦電流損 P_c は磁束が磁性体を貫くときに，磁束密度に応じて強磁性体内部に発生する渦電流によって生じるジュール熱による損失で，下式のように書ける．

$$P_c = k_c (fB)^2 \tag{11.3}$$

なお，ここで k_c は磁性材料により決まる定数．

図 11.8 に電力計法による変圧器の鉄損 P を測定する方法の一例を示す．

鉄損が知りたい鉄芯材料による変圧器の一次側コイルに交流電源 E を接続し，その交流電源と変圧器の間に電流力計形電力計 W を挿入する．電力計の電流測定端子はそのまま，一次側の電流ラインに接続して交流電源から変圧器へ流れる一次電流 I_1 を電力計の電流コイルに流すが，電力計の電圧コイルの電圧は変圧器の一次側ではなく，二次側コイルの電圧端子から取り込む．これは，変圧器の一次側コイルから電力計の電圧を取り込むと変圧器の一次側コイルの抵抗と一次電流 I_1 による銅損が含まれてしまうことを避けるためである．

得られた電力計 W の電力値 P から変圧器の二次側コイルにかかわる抵抗 R_2 による二次側電流 I_2 によって生じる銅損分 $\frac{V_2^2}{R_2}$ を差し引いた値が求める変圧器の鉄芯材料の真の鉄損 P_X である．すなわち，鉄損 P_X は，

11.5 鉄損の測定

$$P_\mathrm{X} = P - \frac{V_2^2}{R_2} \tag{11.4}$$

ただし，R_2 は変圧器の二次側コイルの電圧計の内部抵抗 R_V と電力計の電圧コイルの抵抗 R_M の並列抵抗．また，変圧器のコイル巻き数は同じとしている．

　鉄損は主に変圧器などの鉄芯材料として用いられるケイ素鋼板において必要かつ重要な情報である．それゆえ，これらの鋼板の鉄損を容易に測定するために，**エプスタイン装置**が長年使われてきた．ケイ素鋼板を幅 3 cm で長さ 50 cm または 28 cm の短冊状とし，図 11.9 に示すように，鉄芯の代わりの正方形のエプスタイン装置の各辺にそれぞれ試料を挿入し，向かい合う 2 辺に巻かれたコイルで先ほどと同様の方法で測定する．ただし，ここでは，鉄損表示が kg 当たりゆえ，測定した鉄損を総重量約 10 kg または約 2 kg で除した値となる．

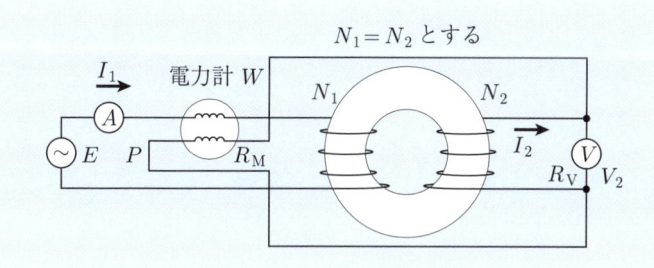

図 11.8 電力計法による変圧器の鉄損の測定法

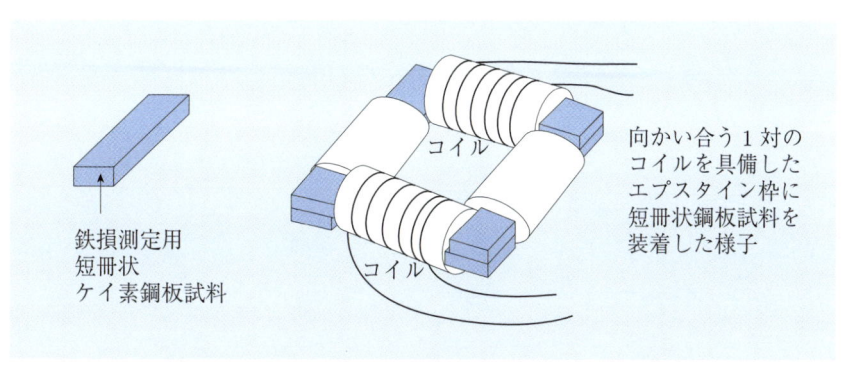

図 11.9 短冊状ケイ素鋼板試料とエプスタイン装置

11章の問題

☐ **11.1** ホール定数 R_H が $23.6\,\mathrm{V\cdot m\cdot T^{-1}\cdot A^{-1}}$ で素子の厚さ d が $17\,\mathrm{mm}$ のホール素子を用いて，電流 I を $680\,\mu\mathrm{A}$ 流したら，ホール電圧 V_H が $3.6\,\mathrm{mV}$ となった．このとき，磁束密度 B は何 T か．また，G で表すといくらか．

☐ **11.2** SQUID とはどのようなものか説明せよ．

☐ **11.3** 磁性材料の磁気特性を知る上で重要な情報である，B-H 特性を得るための装置について説明せよ．

☐ **11.4** 鉄損の中身はヒステリシス損と渦電流損である．鉄損が得られたときに，これらの 2 つをどのようにして分離することができるか，考えられる方法を示せ．
ヒント：本文中の (11.2) 式と (11.3) 式．

第12章

波形測定

　本章では波形の測定について学ぶ．波形測定とは主に，信号の大きさの時間変化を知ることが目的である．周期的に繰り返す信号波形，特に正弦波の信号の時間変化を見ることが多い．これまで，長年の間，アナログ的計測手法による波形の観測が主流であった．その代表的な波形測定器がオシロスコープである．しかし，近年，ディジタルオシロスコープが開発され，今では，ディジタルオシロスコープが日常的に用いられるようになった．ここでは，新旧のオシロスコープを紹介するとともに，その他の様々な波形測定について考察する．

■12章で学ぶ概念・キーワード
- 波形測定の目的
- 波形測定法の種類
- アナログオシロスコープ
- ディジタルオシロスコープ
- 特殊なオシロスコープ
- その他の波形測定器

12.1 波形測定の目的と波形測定法の種類

波形測定では，主に，周期的な信号の時間変化における，その周波数と大きさを知ることを目的とする．特に，正弦波信号の時間変化が主流である．これまでの，たとえば，ディジタルマルチメータでの測定では，信号変化の連続的な時間推移を瞬時に見ることはできなかった．

波形測定は，その他に信号の単発的な時間変化，あるいは不規則な信号の大きさの時間変化を観測することも目的のひとつとなっている．

主に，**オシロスコープ**（ディジタルオシロスコープの出現後，これまでのオシロスコープをアナログオシロスコープと呼んで，区別する場合がある）という測定器が用いられてきたが，これは商用周波数などの比較的低周波での周期的な交流信号の観測には，交流信号の周期と時間軸方向の掃引信号の周期を同期させることによって，画面上で波形を静止させることができたために，きわめて有効な測定器であった．この同期する機能を持ったオシロスコープをシンクロスコープと呼ぶことがあるが，今日ではほとんど全てのオシロスコープがこの機能を持っているので敢えてシンクロスコープと断る必要はない．

ただし，このオシロスコープの弱点は，非常に高い周波数の信号の場合と，逆に直流に近い超低周波信号の場合に，この装置の機能上，画面上にきれいに波形を表示させることが困難ということである．

そのため，**ディジタルオシロスコープ**が出現するまでは長年その課題を解決するための様々な研究開発が行われてきた．

オシロスコープのもうひとつの弱点は単発の信号変化に弱いことである．この点についても，問題克服のために努力がなされた．

しかし，これも今ではディジタルオシロスコープによって対応可能である．

通常のオシロスコープでは追随できない，非常に速い動きの繰返し波形の信号の場合には，**サンプリングオシロスコープ**が用いられる．

オシロスコープと同様に，波形観測に長年貢献してきた測定器が**ペンレコーダ**である．一定の時間で移動するロール紙などの上に信号の時間変化をペンで記録していく装置である．この機器は主に，信号のゆっくりした時間変化の記録に向いていた．

12.2 アナログオシロスコープ

最も代表的な波形観測装置であるオシロスコープについて述べる．ここでは，ディジタルオシロスコープと区別するために，アナログオシロスコープと呼ぶ．
ブラウン管と称する陰極線管（CRT）が装置の主体である．
図 12.1 に波形観測装置としてのブラウン管の構造を示す．

このブラウン管内部は，電子ビーム発射用の電子銃，電子ビームを偏向させる水平用と垂直用の2種類の平行平板電極，電子ビームが衝突して発光し，信号を可視化する蛍光面で構成されている．

この装置の電源を ON すると，電子銃から電子ビームが連続的に発射し，蛍光面の中心部にビームが当たって，ひとつの光点として見ることができる．

次に，水平偏向用の電極間にノコギリ波状の周期電圧を印加すると，蛍光面上の中心部の光点が左右に移動し，横軸を構成する，一筋の水平光となる．

この状態で，垂直偏向用の電極間に周期的な被測定電圧信号を印加すると，蛍光面に信号の大きさが時間変化を伴って現れ，被測定電圧の時間変動を観測することができる．

ただし，周期的な被測定電圧信号を蛍光面上で静止した状態にするためには，水平偏向電極に印加したノコギリ波状周期電圧と垂直偏向電極に印加した被測定周期電圧信号の周期を同期させることが必要である．

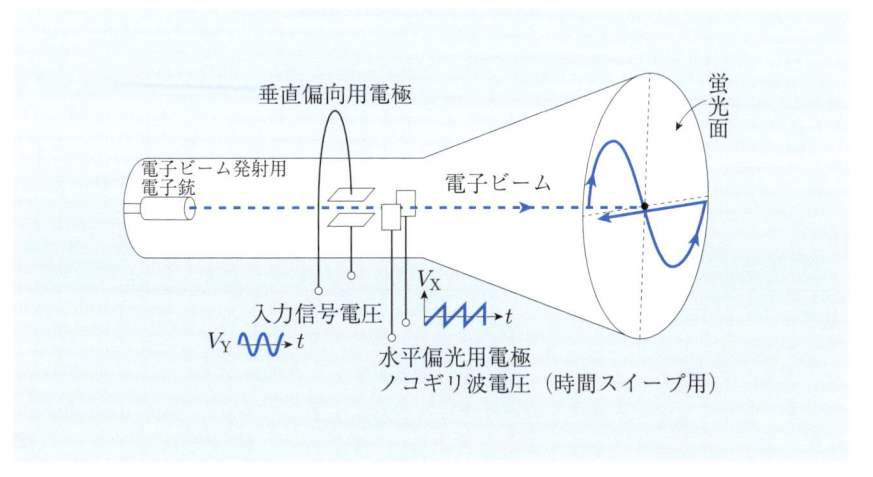

図 12.1 波形観測装置としてのブラウン管の構造

オシロスコープに入力電圧信号を取り込むときには，通常，測定用プローブと称する接続ケーブルを用いる．**プローブ**は入力信号をオシロスコープに正確に伝えるために用いる．これは目的に応じて，いくつかの種類があるが，最も一般的な測定用プローブとして，ここでは受動タイプの電圧プローブを紹介する．$10:1$ の減衰比を持つものが多い．オシロスコープの入力抵抗 R_0 は約 $1\,\mathrm{M\Omega}$ 程度であるが，並列にキャパシタンスがあり，さらに，信号源までのケーブルの線間キャパシタンスと合わせて $100\,\mathrm{pF}$ 程度の並列キャパシタンス C_0 を考慮しなければならない．この状態で，高周波入力信号時に入力インピーダンスが低下しないようにするために，図 12.2 のような C_P と R_P の並列回路を有するプローブを介してオシロスコープと入力信号源を接続する．このときに，以下の条件とすると，線間キャパシタンスの影響を受けずに観測可能となる．

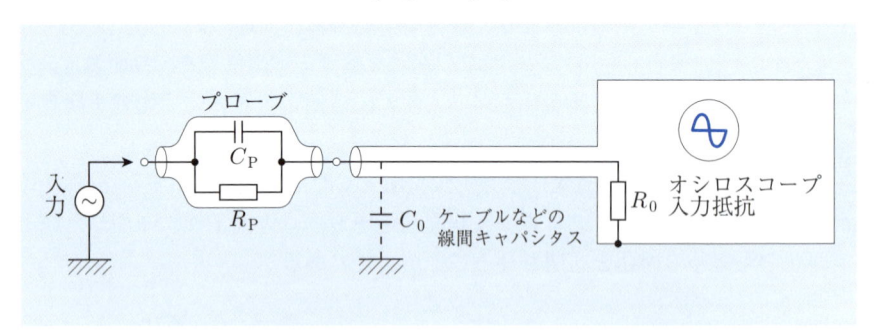

$$C_0 R_0 = C_\mathrm{P} R_\mathrm{P}$$

図 12.2 受動電圧プローブ内の C_P と R_P の並列回路

例題 12.1

図 12.2 のようなプローブの接続状態において，$C_0 R_0 = C_\mathrm{P} R_\mathrm{P}$ の条件であれば，入力源の電圧 v_1 とオシロスコープの入力端子の電圧 v_2 の比が周波数に無関係となることを証明せよ．

【解答】 $\frac{v_2}{v_1} = \frac{1}{1+\left(\frac{Z_\mathrm{P}}{Z_0}\right)}$．ここで，$Z_\mathrm{P} = \frac{R_\mathrm{P}}{1+j\omega C_\mathrm{P} R_\mathrm{P}}$，$Z_0 = \frac{R_0}{1+j\omega C_0 R_0}$．ゆえに，$\frac{Z_\mathrm{P}}{Z_0} = \frac{R_\mathrm{P}}{1+j\omega C_\mathrm{P} R_\mathrm{P}} \cdot \frac{1+j\omega C_0 R_0}{R_0}$．$C_0 R_0 = C_\mathrm{P} R_\mathrm{P}$ の条件ゆえ，$1+j\omega C_\mathrm{P} R_\mathrm{P} = 1+j\omega C_0 R_0$．よって，$\frac{Z_\mathrm{P}}{Z_0} = \frac{R_\mathrm{P}}{R_0}$ となるから，最終的に，$\frac{v_2}{v_1} = \frac{R_\mathrm{P}}{R_\mathrm{P}+R_0}$ となり，周波数に無関係である．

12.3 ディジタルオシロスコープ

　長年，波形観測装置として重要な役割を果たしてきたアナログオシロスコープは，近年，急速な勢いで，ここで紹介するディジタルオシロスコープに取って代わられようとしている．あたかも，ブラウン管テレビと薄型テレビの関係のようである．

　図 12.3 にディジタルオシロスコープの原理図を示す．アナログ入力情報を減衰器や増幅器を介して，適当な大きさの信号にした後，アナログ–ディジタル変換装置でディジタル信号に変換されることにより，必要に応じてマイクロプロセッサによって様々なデータの演算処理が行われ，メモリに蓄積される．入力情報がディジタル信号としてメモリに蓄えられることがディジタルオシロスコープの最も大きな特徴であり，アナログオシロスコープと比較しての極めて大きな利点である．その後，要求に応じて，メモリから情報はディスプレイに送られ，データの処理により，波形表示される．

　信号の入力から表示までの一連の処理時間は人間の認識能力に比べれば非常に速く，いくつかの手順を踏むデータ処理プロセスがあっても，実際には，人間にとっては瞬時と思われる処理時間である．

　ディジタルオシロスコープの魅力は，データがディジタル信号としてすべてメモリに記憶されることから，一過性の信号や異常信号の可視化や記録が可能となることである．

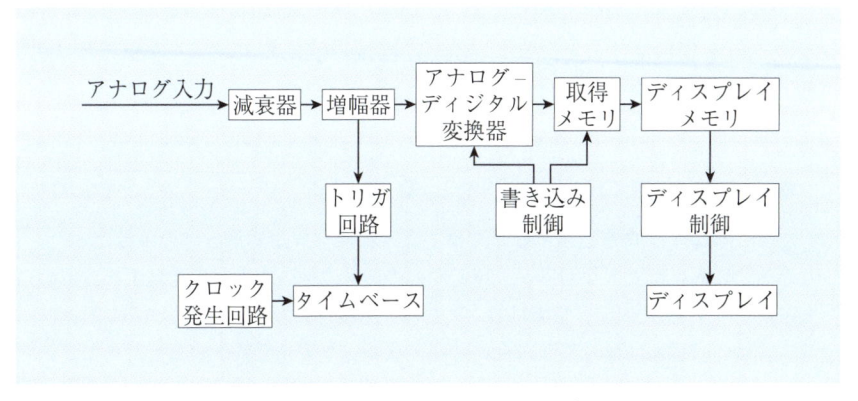

図 12.3　ディジタルオシロスコープの原理

第12章　波形測定

　ディジタルオシロスコープは，通常，**実時間サンプリング**という方法でアナログ–ディジタル変換のサンプリングが行われるが，たとえば，入力信号がある周波数の正弦波であるような繰返し波形の場合は，**等価時間サンプリング**という方法を用いて，実際のサンプリング周期より，はるかに高い時間分解能を得る機能を持っている場合が多い．これは少しずつサンプリングするポイントをずらすことによって，実質，時間的に連続なアナログ信号に近づける機能である．

　さらに，アナログオシロスコープに比べ，ディジタルオシロスコープの大きな特長として，多くの場合，**プリトリガ機能**が装備されていることである．

　これは，ある点からの波形を観測しようとしていた場合でも，必要に応じて，その予定していた時点より前の情報を知ることができる機能である．プリトリガ機能にしておくことで，記憶装置がエンドレスのリング状に設定され，信号を繰返し記憶し続ける．ただし，メモリ容量は有限なので，記録は最も古いものから順に，最新のものに置き換えられていく．それゆえ，トリガを設定して，見ようとしていた信号の直前の情報は十分まだ記憶されているゆえに，予定していた時点より前の情報を知ることができるのである．

　ディジタルオシロスコープのもうひとつの魅力は，観測された波形を自由に処理して表示することができることである．メモリにある取得データのマイクロプロセッサによる演算によって，本来の波形を整形したり，変形したり，様々な目的に応じて対処できることである．

　ディジタルオシロスコープに関連して，その信号表示装置である，**液晶ディスプレイ**の仕組みについて触れておく．ディジタルオシロスコープではもはやブラウン管を使用することはない．X, Y 両軸の信号もディジタル信号であり，可視化情報として表すには薄型軽量の液晶ディスプレイが好都合である．

● **遠い昔のアナログオシロの悩み** ●

　ディジタルオシロが出現するまではアナログオシロが波形計測の主役だった．しかし，これには大きな弱みが．超低周波の信号波形の表示と単発現象の波形の表示ができない！ 開発技術者は日々に悩み，悪戦苦闘の連続だった．ある日，ブラウン管の表示面に信号映像が長い時間残る特殊な蛍光塗料を塗布したメモリスコープもどき？ の新製品発表！ それも遠い過去の懐かしい思い出．今や，ディジタルの次，次世代オシロ，十数チャンネルのアナログやディジタルの信号を観測，解析する，MSO（Mixed Signal Oscilloscope）の時代到来？

図 12.4 に液晶ディスプレイの原理図を示す．

液晶は液体なのに結晶の性質を持っている不思議な物体である．特に，電圧を印加すると液晶の配向が変わり，光の通りやすさが変わる性質を利用して，液晶を挟む構造の平板形状を作り，面の両端に印加する電圧の変化で光の明暗を生み出す，一種の電圧–光変換器である．

これには**透明電極**と**バックライト**が必要である．また，実際には 1 対の**偏光フィルタ**が出入りする光の明暗を強調するために組み込まれる．

ただし，図 12.4 の構成図は液晶ディスプレイ全体の 1 画素の構造である．

実際のディスプレイでは十万から百万個程度の画素が格子状に配置され，**ドットマトリックス**の構造を形成し，エッジの部分での端子毎のスイッチのオンオフ動作を移動させながら画面全体を表示する．

ディジタルオシロスコープでは光の明暗によるモノクローム画像だけではなく，赤緑青の 3 色のフィルタを用いてカラー表示も可能である．その場合は，3 色のフィルタのそれぞれによる 3 サブ画素を接近させて一体とした形状が多い．

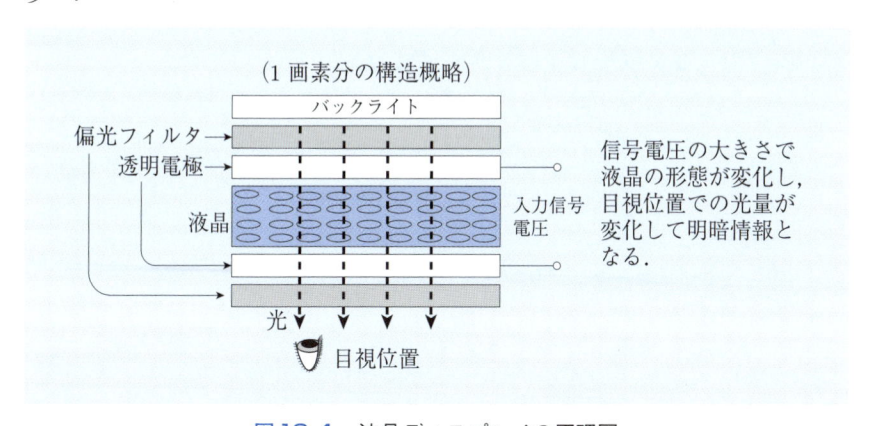

図 12.4　液晶ディスプレイの原理図

12.4 特殊なオシロスコープ

特殊なオシロスコープのひとつとして，高速の繰返し信号を低速の繰返し信号に変換した形で観測できるサンプリングオシロスコープがある．

サンプリング例を図 12.5 に示す．サンプリングポイントを少しずつずらすことによって，そのデータをつなぎ合わせた波形で本来の信号波形を再現する．これは非常に高い周波数の波形測定で直接観測できないときに威力を発揮する．

一方，スペアナの呼称で知られる**スペクトルアナライザ**も信号の成分分析に有用な計測器である．

たとえば，ある信号の各周波数成分毎の**パワースペクトル**を，横軸に周波数 f，縦軸に各周波数のパワー P として画面に表示することができる．

図 12.6 にスペクトルアナライザの回路構成例を示す．たとえば，200〜300 kHz 前後の信号の場合のモニタ表示例を示す．

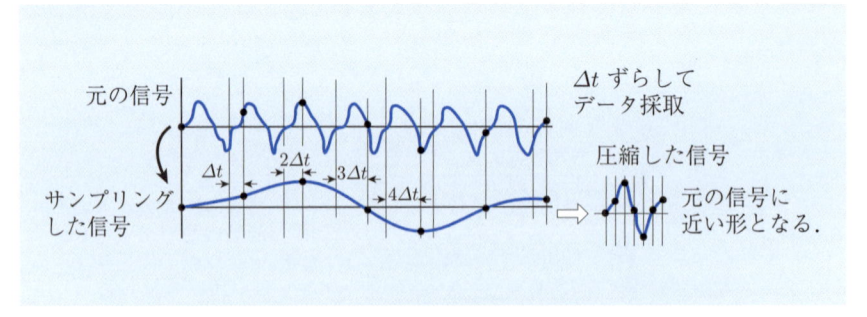

図 12.5　サンプリングオシロスコープのサンプリング例

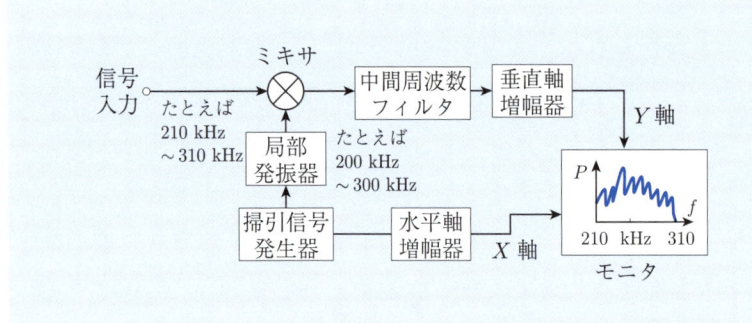

図 12.6　スペクトルアナライザの回路構成とモニタ表示例

12.5 その他の波形測定器

波形記録装置として，ペンレコーダがある．これは巻紙の上に電圧信号などの情報の時間推移を記録する装置で，瞬時に信号の時間推移が観測できるので重用されてきた．

地震の揺れの状態や温度の長時間の変化の様子などの記録を目にしたことがあるかもしれない．

図 12.7 にペンレコーダの測定原理を示す．

これは**サーボモータ**を用いた**自動平衡式**という方式で，信号電圧と基準電圧の 2 信号が差動増幅器に入力され，その差がゼロとなるように，増幅器の出力から信号が出て，サーボモータが働く．サーボモータの動きとペンが連動していて，一定速度で移動するロール記録紙に出力の時間変化が記録される．

近年はディジタルデータ処理も併用した，ハイブリッドな機能を有する多機能型も出現し，信号の時間変化とともに，必要に応じて，適宜情報の数値のロール紙への記録も可能となっている．

このほか，ペンレコーダでは時間軸となる X 軸にも信号を入力することにより，二次元の情報を記録する **XY レコーダ**という装置もある．これによって，たとえば，増幅器の入出力特性などの記録が可能となる．

一方，ディジタル信号の画像描写を行う **XY プロッタ**という装置もある．この装置はディジタル機器なのでコンピュータに直結し，各種ディジタル情報を可視化する．

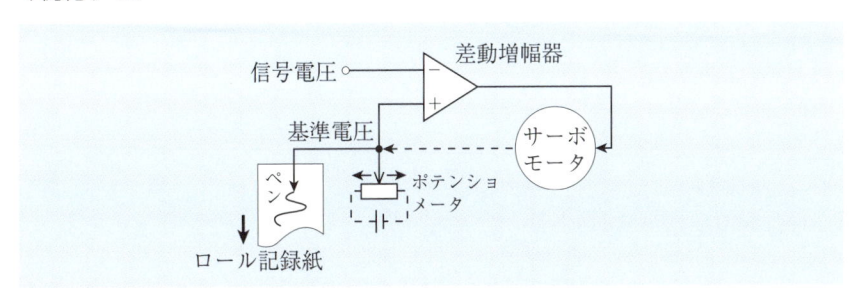

図 12.7 ペンレコーダの測定原理

12章の問題

- **12.1** アナログオシロスコープとディジタルオシロスコープの相違点をあげよ．

- **12.2** ディジタルオシロスコープの表示装置として用いられる液晶ディスプレイはどのような仕組みになっているのか．

- **12.3** サンプリングオシロスコープはなぜ高速の信号波形の観測に向いているのか．

- **12.4** ディジタルオシロスコープの時代にペンレコーダはどのような役割を持っているのか．

第13章
測定を妨害するものとその対策

　基礎電気電子計測についてこれまで色々と学んできた．科学技術の進展には計測が不可欠であること．計測は比較することだということ．計測には共通の単位と基準が必要であること．計測は測定値も大事だが，その測定値の評価がもっと大事であること．この最後の章では，できるだけ正確に精密に，また，不確かさの少ない計測をするために，その測定を妨害するもの，主に雑音について学び，その対策を考える．
　雑音の状態を評価するSN比や雑音指数 F についても学習する．

■13章で学ぶ概念・キーワード
- 計測を妨げるもの
- 熱雑音の定量的な評価
- SN比
- 雑音定数 F
- 種々の外乱を除く対策

13.1　計測を妨げるもの —— 雑音の種類と表現

計測を妨げる要因として，人為的な理由なども考えられるが，主に，
① 電磁気的影響
② 機械的影響
③ 温度・湿度などの自然環境の影響

の3点に特に気をつける必要がある．②機械的影響と③自然環境の2要因は13.4節で説明する．

①の電磁気的影響としては，**外部雑音**と**内部雑音**がある．外部雑音は文字通り，測定回路の外部から測定に影響を与える電磁気的な外乱である．

外部雑音は図13.1に示すように，自然界からの雑音と人工的な雑音がある．自然界からの雑音は，たとえば，太陽の活動の変化や雷などで発生する空電雑音の影響で，電磁気的に測定回路に影響を与えるものである．一方，人工的な外部雑音としては，自動車などの始動時の点火プラグや機械工場におけるモータ始動によるパルス状の大電流などによる影響がある．一般にこれらの雑音を除くため，測定系をシールドルームあるいはシールド箱内に置き，外部雑音を遮蔽し，その電位をアースに落とすことなどにより，一定の効果が得られている．

一方，内部雑音は測定器の内部から発生する雑音で，主に，**熱雑音**，**ショット雑音**，**フリッカ雑音**などがある．熱雑音は次節で詳しく述べる．ショット雑音はトランジスタなどの能動素子に流れる電流の不規則なゆらぎで，その雑音電流の大きさは能動素子に流れる電流の平方根に比例する．フリッカ雑音もMOSFETなどの能動素子における直流バイアス電流に依存して生ずる雑音で，周波数に逆比例し，低周波で増加する特徴があり，$1/f$ **雑音**と呼ばれる．

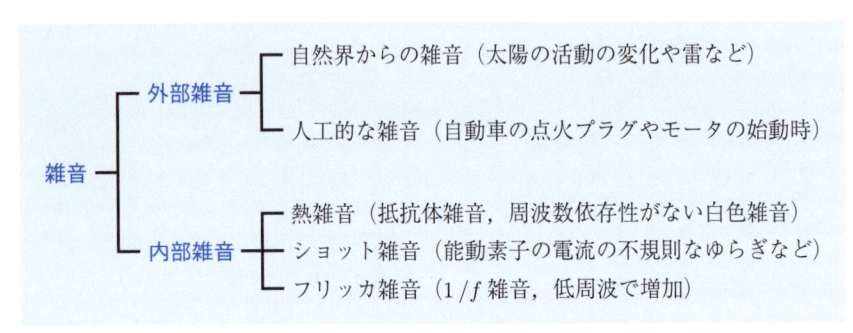

雑音
- 外部雑音
  - 自然界からの雑音（太陽の活動の変化や雷など）
  - 人工的な雑音（自動車の点火プラグやモータの始動時）
- 内部雑音
  - 熱雑音（抵抗体雑音，周波数依存性がない白色雑音）
  - ショット雑音（能動素子の電流の不規則なゆらぎなど）
  - フリッカ雑音（$1/f$ 雑音，低周波で増加）

図 13.1　外部雑音と内部雑音の分類

13.2 熱雑音の定量的な評価

熱雑音は抵抗体に発生する雑音である．

周波数依存性がないので，太陽光にたとえて，**白色雑音（ホワイトノイズ）**とも呼ばれる．この雑音電圧 v_n [V] は絶対温度 T [K]，抵抗値 R [Ω]，周波数帯域幅 B [Hz] および一定値である**ボルツマン定数** k の積の平方根である．すなわち，以下の式で表される．

$$v_\mathrm{n} = \sqrt{4kTRB} \tag{13.1}$$

この式からわかることは，熱雑音は，抵抗が大きいほど，また，温度が高いほど，さらには，測定の周波数帯域幅が広いほど，大きいということである．

そこで，逆に，測定において，熱雑音の影響を少なくするために，測定温度を下げたり，抵抗の値をできるだけ小さくしたり，あるいは測定周波数帯域を狭くすることが試みられている．

実際にどの程度の熱雑音が発生するのか，具体的な数値を入れてみると，たとえば，抵抗 1 kΩ で，測定温度が室温の 300 K（約 27°C），測定周波数帯域幅を 1 kHz としてみると，一定値のボルツマン定数 k は 1.38×10^{-23} [V$^2 \cdot$K$^{-1} \cdot$Ω$^{-1} \cdot$Hz^{-1}] であるから，結局，熱雑音電圧は約 $0.13\,\mu$V となった．この値は通常はあまり大きな値とは思われないが，精密測定などでは無視できない大きさとなる．その場合には，測定温度を液体窒素温度（約 -196°C）などに下げたり，測定周波数帯域幅を 100 Hz に狭めるなどの工夫をする．

■ 例題 13.1 ■

抵抗 1 kΩ で，測定温度を液体窒素温度の 77 K（約 -196°C），測定周波数帯域幅を 100 Hz とした場合，熱雑音電圧は何 V になるか計算せよ．

【解答】 (13.1) 式を用いて，具体的に数値を入れると，

$$4kTRB = 4 \times 1.38 \times 10^{-23} \times 77 \times 10^3 \times 100$$
$$= 425 \times 10^{-18}$$

よって，熱雑音電圧 v_n はその平方根であるから，約 20.6×10^{-9}．すなわち，20.6 nV となる．

13.3 SN比と雑音定数 F

SN比は信号 S と雑音 N の比のことで，測定系にどの程度の雑音の影響があるかを知る目安である．SN比はデシベル（dB）という表示を用いることが多い．信号，雑音共に電力で考えるときは，

$$\text{SN比} = 10\log\frac{P_\text{s}}{P_\text{n}} \,[\text{dB}] \tag{13.2}$$

と表現する．

たとえば，信号電力 P_s が 1W で雑音電力 P_n が 1mW であれば，$\frac{P_\text{s}}{P_\text{n}}$ は 10^3 であるから，SN比は 30 dB（デイビーと発音することが多い）である．

信号，雑音共に電圧で表されることもある．そのときのSN比は以下のようになる．

$$\text{SN比} = 20\log\frac{v_\text{s}}{v_\text{n}} \,[\text{dB}] \tag{13.3}$$

たとえば，信号電圧 v_s が 1V で雑音電圧 v_n が 1mV であれば，$\frac{v_\text{s}}{v_\text{n}}$ は 10^3 であるから，SN比は 60 dB となる．逆に，SN比が 100 dB といえば，信号電圧 v_s が雑音電圧 v_n の 10 万倍という意味である．

一方，**雑音指数** F は測定系の入出力間の信号と雑音の関係を示す表現である．すなわち，入力の添え字を 1，出力の添え字を 2 とすると，図 13.2 に示す関係となり，増幅器の雑音指数 F は以下の式のように表現できる．

$$\text{雑音指数}: \quad F = \frac{\left(\frac{S_1}{N_1}\right)}{\left(\frac{S_2}{N_2}\right)} \tag{13.4}$$

さらに，増幅器の利得を G とすると，出力信号 $S_2 = GS_1$ で表すことができるので，(13.4) 式は以下のように変形することができる．

$$\text{雑音指数}: \quad F = \frac{N_2}{GN_1} \tag{13.5}$$

この式から，出力雑音 N_2 は下記のようになる．

$$\text{出力雑音}: \quad N_2 = FGN_1 = GN_1 + (F-1)GN_1 \tag{13.6}$$

(13.6) 式の右辺を見ると，最初の GN_1 が入力雑音 N_1 の単純に増幅された部

図 13.2 　増幅器入出力の信号と雑音

13.3 SN比と雑音定数 F

分で,結局,最後の項 $(F-1)GN_1$ が内部雑音 n ということになる.$F-1$ が 0 のとき,すなわち,雑音指数 $F=1$ のとき,増幅器の内部雑音がないということである.

通常,増幅器には内部雑音があるので,増幅器の雑音指数 F は $F>1$ である.F が 1 に近い値であるほど,内部雑音の少ない上質な増幅器ということになる.

■ **例題 13.2** ■

図 13.3 に示すような入出力の信号と雑音の場合,雑音指数 F はいくらか.また,この増幅器の内部雑音 n は何 W か.

【解答】 (13.4) 式に具体的な数値を入れると,

$$\text{雑音指数：} F = \frac{\left(\frac{S_1}{N_1}\right)}{\left(\frac{S_2}{N_2}\right)}$$

$$= \frac{\left(\frac{10\,[\text{mW}]}{0.5\,[\text{mW}]}\right)}{\left(\frac{8\,[\text{W}]}{1.28\,[\text{W}]}\right)}$$

$$= 3.2$$

雑音指数 F は 3.2 である.

次に,内部雑音 n は (13.6) 式より,$n = (F-1)GN_1$,ここで,増幅器の利得 $G = \frac{S_2}{S_1}$ であるから,結局,内部雑音 n は

$$n = (F-1)\frac{S_2}{S_1}N_1$$

この式に具体的な数値を入れると,

$$n = (F-1)\frac{S_2}{S_1}N_1$$
$$= (3.2-1) \times \frac{8}{0.01} \times 0.5\,[\text{mW}]$$
$$= 0.88\,[\text{W}]$$

内部雑音 n は 0.88 W である. ■

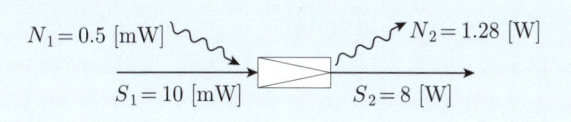

図 13.3

13.4 種々の外乱を除く対策

本章の最初の 13.1 節で述べたように，測定を妨げる様々な要因がある．特に物理的な外乱要因として，①電磁気的影響，②機械的影響，③温度・湿度などの自然環境の変化という 3 種類の状況に適切に対応することが計測においてよい結果を得る条件といえる．

この 13.4 節では，計測における外乱要因を除く様々な工夫について説明する．

外乱要因の①である電磁気的影響に関しては，既に 13.1 節で，外部雑音の測定系への侵入を防ぐために，測定系をシールドルームあるいはシールド箱内に置き，そのシールドの電位をアースに落とすことなどにより，一定の遮蔽効果があることを述べた．

実は電磁気的な外乱の種類によって，対応するシールドも異なってくる．

まず，外乱が外部の静電界や低周波の電界の場合は静電誘導の影響を除くための**静電シールド**が適当である．これは上述の金属板によるシールドルームあるいはシールド箱をアースに落とすことで目的を達することができる．

次に，外乱が高周波の電界の場合は，同じく金属箔あるいは金属板のシールドルームあるいはシールド箱による，いわゆる，**電磁シールド**が有効である．この場合はアースに落とす必要はないが，静電シールドと兼ねて用いることが多いので自動的にシールドしている場合が多い．この場合は一部にのぞき窓的にハニカム（蜂の巣）構造のダブルメッシュタイプの小窓を置くことが可能である．

最後に，外乱で一番厄介であり，高価な材料が必要なのが，静磁界や低周波の磁界である．これらの侵入を防ぐためには，透磁率が高く，板の厚さも十分ある鉄などの強磁性体の金属板で囲む**磁気シールド**が必要である．

表 13.1 に外部からの各種電磁気的雑音と対応するシールドの種類を示す．

理想的には全ての電磁気的雑音を除くことが望ましいが，実際には測定する対象の測定周波数の近辺の外乱だけは極力除くという観点で対策案を立てることが効率的である．測定周波数からかなり離れた周波数の雑音はフィルタを用いて除去することができるからである．特に，**バンドパスフィルタ**あるいは**ノッチフィルタ**が有効である．バンドパスフィルタは測定周波数近傍の信号だけが大きな利得を得る目的のフィルタであり，一方，ノッチフィルタはある周波数の雑音信号のみ利得を低減させるフィルタである．これは主に，商用周波数の 50 Hz あるいは 60 Hz の**ハム**と呼ばれる雑音を除く目的でよく使われる．

13.4 種々の外乱を除く対策

シールドをアースに落とす際の注意としては，**一点アース**を心掛ける必要がある．シールド用の金属板も厳密にいうとわずかな抵抗がある．ゆえに，良かれと思って，シールドの何点かを接地すると，そのアース間にシールドを介して，**アース電流**が流れることがある．それは精密計測の際にはシールド内部の測定回路に悪影響を与えることになる．

理想的には測定回路のリード線もなるべく短く，かつ**同軸シールド線**を用いることが望ましい．シールドされていないリード線の場合には人間が近づいたりすることで測定回路の浮遊容量が変化し，測定が不安定になることがあるからである．また，測定回路上で往復する2本のリード線が単純なループ状態にならず，**バイファイラー巻き**という，こよりを撚るようにねじった状態で用いることが望ましい．これは侵入してきた電磁波雑音の影響を除くためである．

図13.4 に電磁気的雑音に対処する注意事項をまとめて示す．

ここからは②の機械的要因とその対応について説明する．

測定を妨げる機械的要因としては，機械的振動が一番先に考えられる．次に単発的な機械的揺れである．これには測定回路の配線に使われるリード線が固定されていないときに動いたりすることも含まれる．

機械的振動への対策として除振台がある．これは機械的な振動を軽減する装置があり，精密な電気計測では用いることが多い．早い振動は比較的除きやすいが，ゆっくりとした振動を取り除くのは難しく，費用もかかる．相対的に振

表13.1 外部からの電磁気的雑音と対応するシールドの種類

外乱の種類	シールド名	対応するシールド
静電界や低周波電界	静電シールド	アース付金属箱
高周波の電界	電磁シールド	金属箱
静磁界や低周波磁界	磁気シールド	強磁性体材料の厚手の金属板

* バンドパスフィルタの併用
* 一点アース
* シールド線
* バイファイラー巻

図13.4 電磁気的雑音に対処する注意事項

第13章 測定を妨害するものとその対策

動を吸収するための装置が大掛かりになるためである．

単発的な機械的揺れは，測定系を囲うシールド箱などが，何かの理由で変形した場合などに発生する．その結果，シールド箱内部の浮遊容量が変化して，測定系の測定条件を変えることになるからである．測定系のリード線が人為的に動いたりした場合にも同じ状態になる．特に，リード線に同軸シールド線を用いていない場合は，人間が近づくことによって起きる電気的な要因での浮遊容量の変化とリード線が動いたことによる機械的要因による浮遊容量の変化が合体して，測定に大きな影響を与える．図13.5 に浮遊容量の影響を図示する．実際に不安定な測定状態となる場合はこの原因によることが多い．

解決法としては，測定回路の配線に使うリード線はできるだけ，同軸線を用い，外側のシールド部分を一点アースとすることと，測定中にリード線が不用意に動かないように固定する．また，測定中は極力，測定者など人間が測定系に近づかないというのがコツである．

最後に，③の温度・湿度などの測定環境が電気測定に与える影響とその対策について述べる．

温度変化は測定系のあらゆる部分に影響を与える．演算増幅器や抵抗，コンデンサ，コイルも温度特性を持っている．それゆえ，測定は恒温室内で行うことがベストである．しかし，通常の測定では短時間内に極端な温度変化が生じない測定室を選ぶ．シールド箱は空気の流れを防ぐという意味において，急激な温度変化から測定器を保護する役割もする．シールド箱に発泡スチロール板

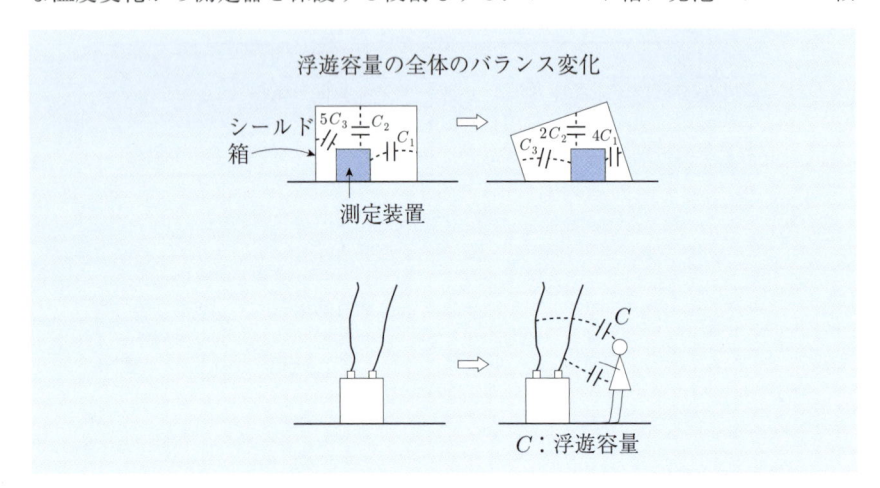

図 13.5 シールド箱の変形やシールドがないときの人による浮遊容量の影響

を張り付けるだけでも，温度変化に対してかなりの効果が期待できる．

湿度に関していえば，空気中の水分が測定器の絶縁抵抗や装置間のリード線の浮遊容量にかかわってくることから，一般的には低湿度であることが望ましい．

● 信号と雑音のはざま ●

　音楽の世界も，昔の LP といわれた，いわゆるアナログのレコードからディジタル化された CD になり，今やこの CD も半導体のチップでできた小さなメモリに置き換わろうとしている時代に，不思議と昔のアナログレコードをいまだによなく愛する人々がいる．彼らはレコードの持つ不思議な音のぬくもりがディジタル化された媒体では得られないと固く信じている．

　たしかに，自然のアナログの音を A/D 変換して録音し，D/A 変換して再び人間が聴けるようなアナログの音にしているディジタルの CD では上限の周波数は 2 万 Hz で，聴ける音の周波数を抑えているだけでなく，2 度の変換という作業も加わって，アナログレコードでの機械的振動を電気的信号に変えるというアナログのみの単純な仕組みに比較すると，どうせ，2 万 Hz 以上は人間には聞こえないんだから関係ないとはいっても，ちょっと気になる．

　レコードで音楽を聴く場合は，機械的振動を電気信号に変える蓄音器のカートリッジという，アームの先についたレコードの針が当たる部分がある．ここがポイントで，レコードに針を置いたときの，CD では決して得られない，あの独特のノイズっぽい音がレコード愛好家にはたまらないらしい．

　ここまで来ると，雑音も立派な音楽．信号と雑音に境界線はあるのかな？

13章の問題

☐ **13.1** 測定時に測定を妨害するものとして主に3種類の要因が考えられる．それらは何か．

☐ **13.2** 本文中の図13.2において，入力雑音 N_1 が 0.2 mW，増幅器の内部雑音 n が 140.8 mW，雑音指数が 3.2 であったとき，この増幅器の利得 G はいくらであるか．なお，増幅器の内部雑音 n は出力雑音 N_2 から入力雑音 N_1 と利得 G の積を引いたものと考えてよい．

☐ **13.3** 電磁気的雑音に対してシールドが効果的である．実際に，どのような電磁気雑音があり，それぞれに対してどのようなシールドが有効か述べよ．

☐ **13.4** 実験の時間に，測定装置に近づくと，測定状態が不安定になることがある．これはどのような現象が起きているためか．また，その対処法として，どのような方法があるか．

付　　録

■ A　母集団における正規分布曲線

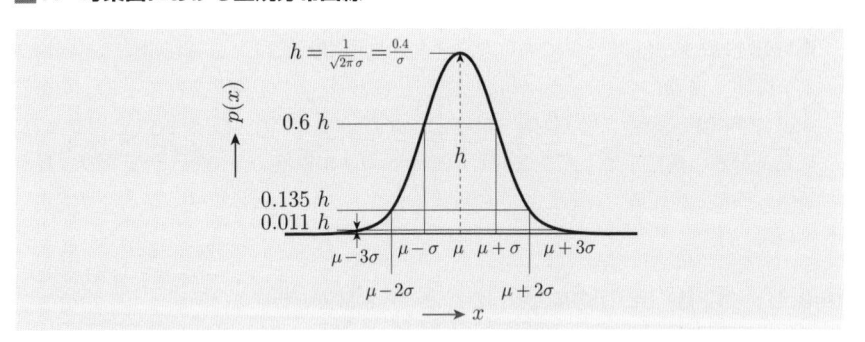

図 A.1　正規分布曲線

x：測定値
$p(x)$：測定値の発生する確率
μ：母平均
σ：母標準偏差

h は母平均 μ における測定値の発生する確率を示し，その大きさは $\frac{1}{\sqrt{2\pi}\sigma}$ で，それはおおよそ $\frac{0.4}{\sigma}$ である．$\mu \pm \sigma$ における測定値の発生する確率は $0.6h$，$\mu \pm 2\sigma$ では $0.135h$，$\mu \pm 3\sigma$ では $0.011h$ である．

■ B SI 基本単位の定義

質量が基本単位の中で唯一の原器．近い将来，この国際キログラム原器を量子標準に置き換えるための研究が進んでいる．いくつかの可能性があるが，プランク定数 h から質量を表す方法が有力である．これに伴って，基本単位の物質量（mol）の定義も変わるかもしれない．実際にこれらの定義が改められたので下記の表へ反映した．

電気量では電流が基本単位であるが，定義が実現困難なことと，電圧単位と抵抗単位が量子標準で実現していることから，定義の表現の見直しが検討されている．ちなみに，2012 年始めの時点での相対不確かさは，K_J が 10^{-8} 台，R_K が 10^{-10} 台である．

現在，時間の単位が最も小さな相対不確かさの基本単位で，10^{-15} 台であり，長さの単位も近年，光周波数コムという最新技術により 10^{-14} 台の相対不確かさで実現されている．

表 B.1 (修正版) SI (国際単位系) の 7 個の基本単位の新定義 (2019 年 5 月 20 日施行)

量	基本単位		定義
	名称	記号	
時間	秒	s	セシウム 133 原子の基底状態の 2 つの超微細準位 ($F = 4, M = 0$ および $F = 3, M = 0$) 間の遷移に対応する放射の周期の 9 192 631 770 倍の継続時間
長さ	メートル	m	1 秒の $\frac{1}{299\,792\,458}$ の時間に光が真空中を進む距離
質量	キログラム	kg	プランク定数 h ($6.62607015 \times 10^{-34}$) が $m^2 \cdot kg/s$ で表される時の kg の値 (仮訳)
電流	アンペア	A	電気素量 e ($1.602176634 \times 10^{-19}$ C) が $A \cdot s$ で表される時の A の値 (仮訳)
熱力学温度	ケルビン	K	ボルツマン定数 k (1.380649×10^{-23}) が $m^2 \cdot kg/(s^2 \cdot K)$ で表される時の K の値 (仮訳)
物質量	モル	mol	1 モルは正確に $6.02214076 \times 10^{23}$ の要素粒子を含む．この数値は単位 mol^{-1} による表現でアボガドロ定数 N_A の固定された数値であり，アボガドロ数と呼ばれる．(仮訳)
光度	カンデラ	cd	周波数 540×10^{12} Hz の単色放射を放出し，所定方向の放射強度が $\frac{1}{683}$ $W \cdot sr^{-1}$ である光源のその方向における光度

■C 量子電気標準（ジョセフソン電圧標準と量子ホール抵抗標準）

<u>(1) ジョセフソン電圧標準</u>

ジョセフソン定数 K_J は $K_J = \frac{2e}{h}$ と表せる．ここで，e は電子の電荷，h はプランク定数で，どちらも一定値である．なお，1988 年に定められ，1990 年から電圧標準に使っている協定値 $K_{J\text{-}90}$ は $483597.9\,\text{GHz}\cdot\text{V}^{-1}$ である．

電圧標準に用いる交流ジョセフソン効果の初期の実験では，極低温下で，図 **C.1 (a)** のような絶縁膜を挟んだ超電導体間に直流電流を流し，周波数 f のマイクロ波を照射すると，その超電導間に図 **C.1 (b)** のようなステップ状の電圧–電流特性が得られるので，直流電流をステップの中央あたりに固定して一定電圧を得るという仕組みであった．このときのワンステップの電圧の大きさ V が，$V = \frac{h}{2e}f$ で表されることから，マイクロ波の周波数の不確かさで電圧を決めることができると考えた．ただし，周波数が 10 GHz 程度であったので，発生する電圧はたかだか mV オーダーで，実用的には，より大きな電圧発生法が急務であった．その後，アレー型の素子技術の進展により，近年は 2 万以上の素子数の直列接続で，10 V の電圧発生が実現し，電圧標準に用いられている．その際，素子の扱い方が上述と異なり，照射マイクロ波は 85 GHz 程度でパワーをおとし，図 **C.1 (c)** のような特性を利用する．わが国の国家標準を確立維持している産総研ではさらに次世代の電圧標準を目指した，Programmable JVS の開発が進行中である．

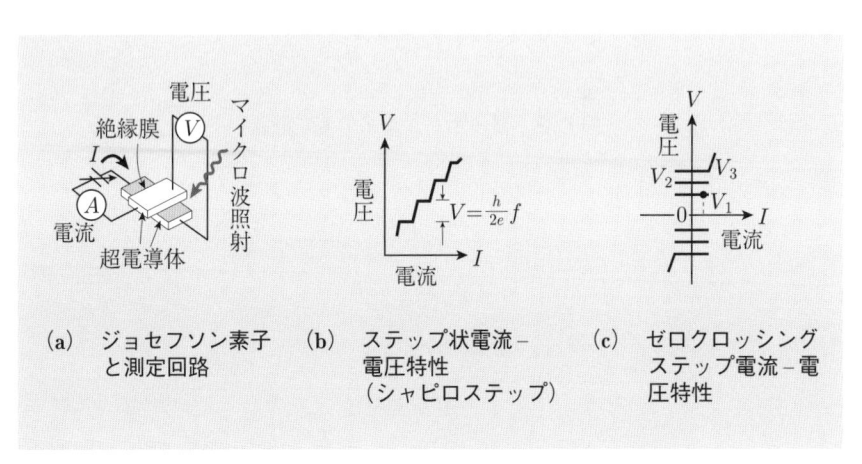

(a) ジョセフソン素子と測定回路　(b) ステップ状電流–電圧特性（シャピロステップ）　(c) ゼロクロッシングステップ電流–電圧特性

図 **C.1**　ジョセフソン電圧標準用素子の V-I 特性

(2) 量子ホール抵抗標準

フォン・クリッツィング定数 R_K は $R_K = \frac{h}{e^2}$ と表せる．ここで，e は電子の電荷，h はプランク定数であり，どちらも一定値である．なお，1988 年に定め，1990 年から抵抗標準に使用している協定値 $R_{K\text{-}90}$ は 25812.807 Ω である．抵抗標準に用いる量子ホール効果は 10 T 前後の強磁界で液体ヘリウムによる 4 K 以下の極低温にて，電子の動きが平面のみに制限された二次元電子系という量子化状態の半導体素子を用いる．図 C.2 に素子の測定状態を示す．その素子の強磁界下での一定電流供給によって発生するホール電圧が図 C.3 に示すように，磁束密度 B に対応したステップ状の特性となる．これは通常のホール効果とは異なる特性で，これを量子ホール効果と称している．電流が一定ゆえ，電圧の変化は，このホール素子の抵抗 R_H の変化に置き換えることができる．磁界を適当なステップの中央に固定することで，安定した電圧が得られ，それは一定のホール抵抗 R_H が得られることである．また，この R_H の値は $R_H = \frac{h}{ne^2}$ で表される．ここで，n は整数である．フォン・クリッツィング定数 R_K で表すと $R_H = \frac{R_K}{n}$ となる．

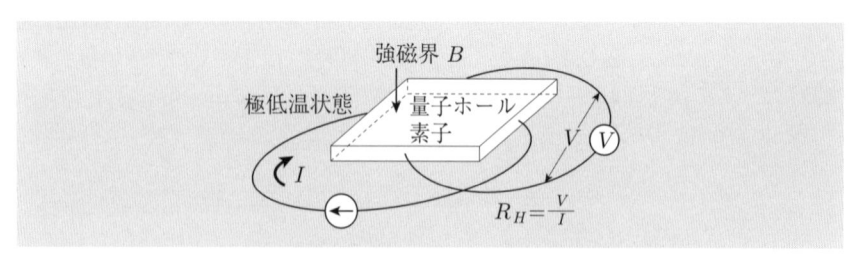

図 C.2 量子ホール素子の測定回路

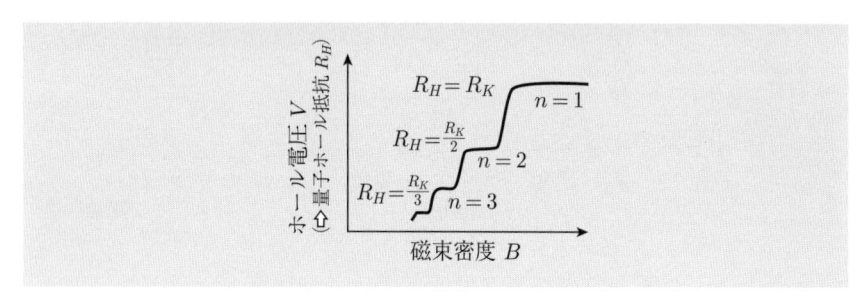

図 C.3 量子ホール素子の B-R_H 特性

問題解答

1章

■ **1.1** 測定は測定器などを用いて定量的に値を求め，数値として表す単純な作業．計測は単に測定値を求めるだけでなく，得られた値を用いて，その置かれている状態を評価したり，その次の作業ステップに反映させようとする意図をもって測定すること．

■ **1.2** ひとつは電圧などの電気諸量あるいは磁気などの電気に関連する量を計ることで，もうひとつは様々な現象・情報を電気電子機器を用いて計測することである．

■ **1.3** 比較

■ **1.4** 零位法，偏位法，置換法，補償法

■ **1.5** 測定結果のあいまいさ

2章

■ **2.1** 精密さは繰返し測定のばらつき具合で標準偏差で表現できる．偶然誤差あるいは精度ともいう．正確さは測定値の真値からのずれ，あるいは，そのかたより具合で，系統誤差あるいは確度ともいう．

■ **2.2** 誤差では真値の存在が不可欠であるが，真値を知ることは難しい．不確かさでは真値の代わりに母平均である最確値を提案する．

■ **2.3** データの実験標準偏差 $s(x)$ は，(2.1) 式と (2.2) 式より，

$$\overline{x} = 100.00\,[\text{V}]$$

$$s(x) = \frac{\sqrt{0.10^2 + 0.30^2 + (-0.30)^2 + (-0.10)^2}}{3} = 0.26\,[\text{V}]$$

よって，タイプ A の評価法における平均値の実験標準偏差（標準不確かさ）$s(\overline{x})$ は，(2.3) 式より，

$$s(\overline{x}) = \frac{0.26}{\sqrt{4}} = 0.13\,[\text{V}]$$

タイプ B の評価法での値が 0.08 V であるから，合成標準不確かさは，

$$\sqrt{0.13^2 + 0.08^2} = 0.15\,[\text{V}]$$

ゆえに，95%の測定データが含まれる拡張不確かさは，この場合，100.00 V ± 0.30 V，すなわち，99.70 V から 100.30 V の範囲ということになる．

■ **2.4** 2 変数 x, y の関係が一次式 ($y = bx + c$) のときは 2.5 節 [II] の $a = 0$ での (2.6) 式を (2.8)，(2.9) 式の条件で式を展開した，(2.11)，(2.12) 式を解くと求めることができる．すなわち，$\sum_{i=1}^{n} x_i y_i - b \sum_{i=1}^{n} x_i^2 - c \sum_{i=1}^{n} x_i = 0$ と $\sum_{i=1}^{n} y_i - b \sum_{i=1}^{n} x_i - nc = 0$ である．これをデータを代入して解くと，$b = \frac{1}{2}, c = 1$ となるので，結局，x と y の

関係は，$y = \frac{1}{2}x + 1$ である．

3章

■ **3.1** 国際単位系の意味．長さ（m），質量（kg），時間（s），電流（A），熱力学温度（K），物質量（mol），光度（cd）の7個

■ **3.2** (3.1)式より，$F = \frac{\mu_0 I^2}{2\pi d}$．よって，式を変形して，真空の透磁率 μ_0 は，$\mu_0 = \frac{2\pi d\, F}{I^2}$．$d = 1$ [m]，$F = 2 \times 10^{-7}$ [N·m^{-1}]，$I = 1$ [A] を代入すると，$\mu_0 = 4\pi \times 10^{-7}$ [N·A^{-2}]．力の単位 N は **表3.3** より，m·kg·s^{-2}．ゆえに，$\mu_0 = 4\pi \times 10^{-7}$ [N·A^{-2}] $= 4\pi \times 10^{-7}$ [m·kg·s^{-2}·A^{-2}]．一方，インダクタンスの単位 H は **表3.3** より，m^2·kg·s^{-2}·A^{-2}．これから，この単位の組合せを真空の透磁率 μ_0 に代入すると，$\mu_0 = 4\pi \times 10^{-7}$ [N·A^{-2}] $= 4\pi \times 10^{-7}$ [m·kg·s^{-2}·A^{-2}] $= 4\pi \times 10^{-7}$ [H·m^{-1}] となる．

■ **3.3** ジョセフソン電圧標準および量子ホール抵抗標準という2つの量子標準によって確立・維持されている．

■ **3.4** 私たちが使用している計測器がいくつかの仲介を経て最終的に国家標準まで，その不確かさをたどることができるシステムのこと．

4章

■ **4.1** 安価，堅牢（丈夫），簡便，電源がいらない，など

■ **4.2** 可動鉄片形指示計器を使う．整流形指示計器と可動コイル形指示計器を組み合わせて使う．熱電形指示計器と可動コイル形指示計器を組み合わせて使う．

■ **4.3** 電子工学の発展．特に電界効果形トランジスタを入力部分に用いた演算増幅器（オペアンプ）の出現が大きい．

■ **4.4** すべての測定電気量を，電流ではなく，電圧に変換して，電圧測定を行うこと．入力抵抗が大きいこと．

5章

■ **5.1** ディジタル計測器の出現はその内部のデータ処理のためのCPU（中央処理装置）の存在が大きい．ディジタル信号にすることによって，大容量の情報の演算処理が高速でかつ高精度でできるとともに，情報を記憶させたり，様々な形に信号を加工処理することが容易になることによる．

■ **5.2** 最初の時点で全てアナログ信号として入ってくる際に，現在は演算増幅器が用いられていることから，直流電圧の形にしている．

■ **5.3** 時間軸を離散的にする標本化（サンプリング），情報の大きさを有限桁に統一する量子化，標本化と量子化された離散的な値を2進法で表す符号化の3つのプロセス．

■ **5.4** $\frac{2.8}{3.5} \times 125 = 100$（パルス）

■ **5.5** 4 ビットディジタル信号 1001 は重ね合わせの理より，4 ビットディジタル信号 0001 と 4 ビットディジタル信号 1000 の和で求めることができる．4 ビットディジタル信号 1000 のラダー抵抗形回路は下 **図 (a)** となり，それは整理すると，**図 (b)** となるから，アナログ出力 V_o は $\frac{V_s}{3}$ $(= \frac{8V_s}{24})$ となる．

一方，4 ビットディジタル信号 0001 のラダー抵抗形回路は下 **図 (c)** となり，それは整理すると，**図 (d)** となるから，アナログ出力 V_o は $\frac{V_s}{24}$ となる．ゆえに，4 ビットディジタル信号 1001 は 2 つを合体したものであるから，結局，アナログ出力 $V_o = \frac{8V_s}{24} + \frac{V_s}{24} = \frac{9V_s}{24} = \frac{3}{8}V_s$ となる．

6章

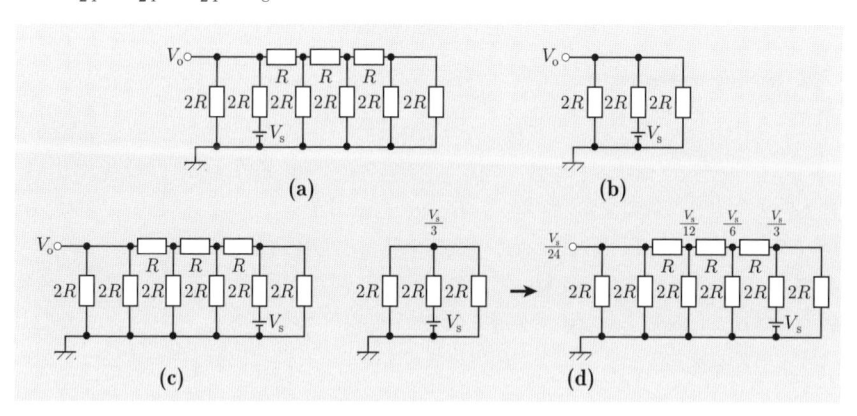

■ **6.1** 回路図から，真の値 V_0 は 100 V である．また，ディジタルマルチメータをつなぐことで，R_L に並列に R_{IN} が接続されたときの並列抵抗は 476.2 kΩ である．このときの端子間電圧は，

$$200\,[\text{V}] \times \frac{476.2\,[\text{k}\Omega]}{500\,[\text{k}\Omega] + 476.2\,[\text{k}\Omega]} = 97.6\,[\text{V}].$$

ゆえに，ディジタルマルチメータをつなぐことによる減少率は，$\frac{100-97.6}{100} = 0.024$，すなわち，2.4%である．

■ **6.2** まず，双方の測定器の内部抵抗の大きさを確認する．一般に，安価なテスターは内部抵抗が低い場合がある．上述の問題のように，測定する端子間電圧の抵抗が比較的大きいときは影響が大きい．元々，測定器の表示が不正確な場合もある．このときは既に知られている正確な値付けがされた対象物を測定して確認することが望まれる．そのようなものがない場合は，3 種類以上の電圧測定器で測定することもひとつの方法である．2 つがほぼ同じ値を示したときはその測定が正しい場合が多い．

■ **6.3** 実際には全波整流の後に，コンデンサを介して平滑という作業を行っているが，最終的には脈流という，若干うねった周期性の信号となる．これは厳密にいえば，直流ではないが，平均化するとある一定値を示すことから，実質上は測定作業に大きな影響が出ないことが多い．非常に精密な測定で，その影響がありそうな場合はさらに大きな時定数の積分器で平滑して，うねりを除くことはあるがそれは特殊なケースである．

■ **6.4** どんな入力電流でも最大のときに増幅器の入力電圧が $10\,\mathrm{mV}$ であるためには，分流器の抵抗は最大電流 $1\,\mathrm{mA}$ では，$\frac{10\,\mathrm{[mV]}}{1\,\mathrm{[mA]}} = 10\,[\Omega]$，$10\,\mathrm{mA}$ では，$\frac{10\,\mathrm{[mV]}}{10\,\mathrm{[mA]}} = 1\,[\Omega]$ の分流器の抵抗であることが要求される．なお，この場合，増幅器の入力抵抗が $10\,\mathrm{M\Omega}$ と非常に大きいので，増幅器への電流の流れは無視できる．

7章

■ **7.1** R_1, R_2 に流れる電流をそれぞれ $I_\mathrm{S}, I_\mathrm{D}$ とすると，

$$I_1 = I_\mathrm{S} + I_\mathrm{D} = \frac{V_2}{R_1} + \frac{V_2}{R_2} \quad \text{よって，} \quad R_1 = \frac{V_2}{R_2 I_1 - V_2} \times R_2$$

ゆえ，それぞれに数値を代入すると，$R_1 = 11\,\mathrm{[m\Omega]}$

■ **7.2** 発熱による部品の温度特性の変化や発火の危険性を避けるため．

■ **7.3** クランプ式電流測定器は電流の流れている電線を切断することなく，電流を流した状態で，電線を挟むような形で電流を測定する装置である．すなわち，測定しようとした電流によって発生する磁界を測定することで，電流値を推定する．直流の場合はクランプ内に装着したホール素子により，ホール効果を利用して，磁界により発生するホール電圧の測定で磁界の大きさを定める．一方，交流ではクランプ中のコイルを用い，発生した磁界をコイルに流れる電流の測定から求める．クランプ式は大電流の測定に有効である．

■ **7.4** 一般的にはまず，差動増幅器がある．同相入力の雑音が相殺され，差動入力の信号のみを取り出すことができる．次に，チョッパ形増幅器がある．雑音の含まれた直流信号をチョッパスイッチで矩形波の繰返し信号として，交流増幅器で増幅した後に元に戻して整流することにより，直流雑音や超低周波の雑音を除くことができる．次にロックイン増幅回路がある．これは同期整流の原理を用いて，低周波信号の周期と同期させた参照信号を作り，この周期に一致する入力のみが直流出力され，周期が同じでも位相がずれた場合，あるいは，周期の異なるものは平均化することにより，最終的に直流出力がゼロとなる仕組みの装置である．

8章

8.1 抵抗率 $\rho = \frac{S}{L}R$ に数値を代入すると,
$$\rho = \frac{2\times 10^{-6}\,[\mathrm{m}^2]}{0.5\,[\mathrm{m}]} \times (7\times 10^{-3}\,[\Omega])$$
$$= 2.8\times 10^{-8}\,[\Omega\cdot\mathrm{m}]$$

ちなみに,この数値はおおよそ,室温でのアルミニウムの抵抗率である.

8.2 ガードリング型高抵抗測定法を用いる.これは低電位側端子の電極を中心円板電極と同軸状のドーナツ形のガードリング電極の構成にし,ポイントは電流測定用の微小内部抵抗の電流計,あるいはその端子間電圧を測定できる低抵抗を中心円板電極とアースとの間に接続し,ガードリング電極からは直接アースに落とす接続法である.これによって,漏れ電流は高電位側電極から直接接地に流れ,電流計では測定抵抗内を流れている電流のみを測定できることになる.電圧は高電位側電極とアース間の電圧測定になるが,測定抵抗に比較して電流計の内部抵抗が一般に無視できる大きさゆえ測定結果にほとんど影響しない.本文中の**図8.5**を参照のこと.

8.3 通常の二端子測定法という測定のやり方では,測定器と測定用抵抗器を接続するリード線の抵抗が測定用抵抗器の抵抗に含まれてしまうため,非常に小さい抵抗の測定の場合には数 $\mathrm{m\Omega}$ のリード線抵抗も無視できなくなる.本文中の**図8.7**にあるように,四端子抵抗測定法では電圧計の内部抵抗が測定抵抗に比べて圧倒的に大きいため,電圧用リード線には電流がほとんど流れない.そのため,電圧リード線には電圧が生じない.一方,電流源から流れる電流はほとんど測定抵抗を流れるため,電流計,電圧計それぞれの測定値は測定抵抗のみの電圧,電流を示すことになるので,その比は測定抵抗値を示すことになる.

8.4 最初,滑り抵抗 R において R_2 と $R-R_2$ の比で,R_0 と $R_\mathrm{E}+R_\mathrm{S}$ が平衡条件にあるから,$R_2(R_\mathrm{E}+R_\mathrm{S}) = (R-R_2)R_0$ となる.次に,滑り抵抗 R が R_1 と $R-R_1$ で,R_E と R_0+R_S が平衡条件にあるから,$R_1(R_0+R_\mathrm{S}) = (R-R_1)R_\mathrm{E}$ となる.ゆえに,

$$R_2(R_\mathrm{E}+R_\mathrm{S}) = (R-R_2)R_0 \tag{1}$$

$$R_1(R_0+R_\mathrm{S}) = (R-R_1)R_\mathrm{E} \tag{2}$$

(1), (2) 式より

$$R_2 R_\mathrm{S} = (R-R_2)R_0 - R_2 R_\mathrm{E} = R_2\left\{\frac{(R-R_2)R_0}{R_2} - R_\mathrm{E}\right\} \tag{3}$$

$$R_1 R_\mathrm{S} = (R-R_1)R_\mathrm{E} - R_1 R_0 = R_1\left\{\frac{(R-R_1)R_\mathrm{E}}{R_1} - R_0\right\} \tag{4}$$

(3) 式と (4) 式の比をとると,

$$\frac{R_2}{R_1} = \frac{R_2}{R_1}\frac{\frac{(R-R_2)R_0}{R_2}-R_\mathrm{E}}{\frac{(R-R_1)R_\mathrm{E}}{R_1}-R_0}$$

すなわち,

$$\frac{(R-R_1)R_\mathrm{E}}{R_1}-R_0 = \frac{(R-R_2)R_0}{R_2}-R_\mathrm{E}$$

よって,

$$\frac{R_\mathrm{E}}{R_1} = \frac{R_0}{R_2}$$

すなわち,

$$R_\mathrm{E} = \frac{R_1}{R_2}R_0$$

となる.

9章

■ **9.1** 題意よりインピーダンス Z_0 は $R+j\omega L$ と $(j\omega C)^{-1}$ の並列回路となるので,
$$Z_0 = \frac{(R+j\omega L)(j\omega C)^{-1}}{(R+j\omega L)+(j\omega C)^{-1}} = \frac{R+j\omega L}{1-\omega^2 LC+j\omega CR}$$
$$= (R+j\omega L)\frac{1-\omega^2 LC-j\omega CR}{(1-\omega^2 LC)^2+(\omega CR)^2} = \frac{R+j\omega\{L(1-\omega^2 LC)-CR^2\}}{(1-\omega^2 LC)^2+(\omega CR)^2}$$
$$= R_0 + jX_0$$

から, $R_0 = \frac{R}{(1-\omega^2 LC)^2+(\omega CR)^2}$

■ **9.2** インピーダンスの大きさと位相を知るために,そのインピーダンスと直列接続するような形で純抵抗を接続することにより,同じ電流を流したときの双方の電圧を比率計でベクトル電圧比を測定することにより,結果的にインピーダンスの大きさと位相を知ることが可能となる.基準となる抵抗の方が位相変化するとそれが一義的に決められなくなる点で必要不可欠である.実際には,従来は構造的にリアクタンス分の小さな巻線抵抗が主流であったが,近年は小さなチップ抵抗の開発技術が向上し,小型化も含めて,チップ抵抗が多く採用されるようになってきている.余談であるが,本文中の **図9.5 (a)** に示した,エアトンペリー巻きと称する巻線抵抗は明治時代にスコットランドからわが国での科学技術教育のために派遣されたエアトンとペリーという2人の大学教師が発明した巻き方で,通常の二線巻よりリアクタンスが少ないといわれて,今日にも生きている.

■ **9.3** シールド線を使わず,シールドなしのリード線を使う二端子測定法では,交流電流が測定したいインピーダンス Z_L を通らず,高電位側から空間の浮遊容量 C を介してアースに流れる.高電位側と低電位側の双方のシールドのないリード線が近接していると顕著である.周波数が高くなれば,浮遊容量によるインピーダンス $Z_C = (j\omega C)^{-1}$ がどんどん小さくなり,そのリーク電流が増加する.そこで,シールド線による三端子測定法にすると,本文中の **図9.6 (b)** のように,浮遊容量 C が芯線から外側のシー

ルドに発生し，そこを介してリーク電流が流れるようになる．このシールド側は原則アースに落とすことになっているので，電流計が芯線とアース間に接続されていれば，少なくとも浮遊容量によるリーク電流を測定することはない．シールド線を使ってもリーク電流は存在するが，測定したいインピーダンス Z_L を流れる電流のみを電流計で測定することになることで，二端子測定法とは大きな違いがある．五端子測定法にすることは，この効果に加えて，リード線の抵抗の影響も除けるという意味で，特に低インピーダンス測定に有効である．

■ **9.4** Q は quality の頭文字をとったもので，コンデンサやコイルの質を表す言葉である．すなわち，純粋なコンデンサやコイルが望ましいが，実際には抵抗成分が含まれている．その程度を知るための表現である．

式で表すと，コンデンサの場合は $Q = \frac{1}{\omega CR}$，コイルの場合は $Q = \frac{\omega L}{R}$ である．

ちなみに，$\tan \delta$ (タンデルタ) という，Q の逆数の性能についての表現もある．$\tan \delta$ を D と表現するときもある．これは損失率という．すなわち，$\tan \delta = D = \frac{1}{Q}$ で，どれも，実軸方向の抵抗 R と虚軸方向の ωL，または実軸の $\frac{1}{R} (= G)$ と虚軸の ωC の大きさの割合を表していて，本来，理想的には抵抗分がなくて，ゼロや無限大になるものが，抵抗成分の存在により，途中の有限な値となる程度を表すものといえる．

10章

■ **10.1** 電力計の測定電力 P_m は図中の V_m と I_m の積である．この場合，

$$V_m = E - r_i I_m = 100 - 2 \times 2 = 96\,[\mathrm{V}], \qquad I_m = I_1 = 2\,[\mathrm{A}]$$

よって，$P_m = V_m \cdot I_m = 96 \times 2 = 192\,[\mathrm{W}]$．一方，実際の負荷の電力 P は図中の V と I の積である．$V = V_m = 96\,[\mathrm{V}]$．$I$ は I_1 から電圧コイルの内部抵抗 r_V で電圧 V_m を割った値を引いた値となる．ゆえに，

$$P = V \cdot I = V_m \left(I_1 - \frac{V_m}{r_V} \right)$$
$$= 96\,[\mathrm{V}] \times (2\,[\mathrm{A}] - 96\,[\mathrm{V}] \div 1000\,[\Omega]) = 182.8\,[\mathrm{W}]$$

この場合，電力計の表示は実際の負荷の電力より約 5% 大きな値を表示．

■ **10.2** ①クランプ式電力計とは電流計をラインを断線させて接続させることなく，測定器具をラインを挟む形で挿入し，測定電流によって発生する磁界を測定することによって流れている電流値を求めることで，線路に接続した電圧測定器の電圧値との組合せで電力の値を得る測定器．大電流の場合に有効である．

②ブロンデルの定理とは多相電力送電線における電力測定において，N 相の場合には $N-1$ 個の単相電力測定器によって，N 相の電力が測定できるという定理．三相電力では 2 個の電力計で三相電力を求めることができる．三相の場合，2 つの電力計の片方の測定端子が互いに三相の 1 つの線を共有することから，結果的に 2 個の電力

計の値の総和で三相の電力の結果が得られる.

■**10.3** 高周波あるいはマイクロ波の電力測定の測定法にはボロメータによる方法とカロリーメータによる方法がある.どちらも,電力による発熱量を利用するもので,同量の発熱量の直流電力と比較する形で,高周波あるいはマイクロ波の電力を定める方法.一定時間の電力の照射による水の温度上昇を利用したカロリーメータは大電力測定に向いていて,ボロメータは小電力の精密計測にブリッジバランスの形で用いられる.両者とも熱電変換素子を利用していて,カロリーメータは熱–起電力変換の熱電対,ボロメータは熱–電気抵抗変換のサーミスタを束にしたものが使用されている.線路が分布定数回路となる,周波数の非常に高いマイクロ波での電流,電圧の扱いは,直流,低周波における,電力は電圧と電流の積という考えの扱いと同様にはできない.

■**10.4** 本文中の図 10.13 に示しているように,誘導形単相電力量計はアルミ円板の回転数で電力量を定める仕組みとなっている.これはちょうどリニアモータカーにおいて,磁界の向きが次々と変わって駆動力が生じるように,ずれた位置の磁界の変化に引きずられて回転力が生ずるもので,使用電力,すなわち,電流の強さで回転力が増加し,アルミ円板の回転数が増えることになる.図にもあるように,電流側のコイル巻き数は少なく,電圧側のコイル巻き数は多くしてある.これによって,双方のインダクタンスの大きさが違い,その結果,電圧と電流の位相が 90° ずれることになり,発生する磁界の時間差ができて,回転力が生ずる.余談だが,全ての家庭に積算電力量計があり,それらは全品検査が行われているのは世界的にも非常にまれである.安価,単純,堅牢ということで長年信頼されて用いられてきたが,近年の電力システムの多様化で徐々に電子式電力量計に取り代わりつつある.

11章

■**11.1** 本文中の (11.1) 式より,$B = \frac{V_H d}{R_H I}$.よって,各数値を代入すると,
$$B = \frac{3.6 \times 10^{-3} \times 17 \times 10^{-3}}{23.6 \times 680 \times 10^{-6}} = 3.8\,[\mathrm{mT}] = 38\,[\mathrm{G}]$$

■**11.2** SQUID とは Superconducting QUantum Interference Device の略称で,超電導量子干渉装置のことである.すなわち,非常に弱い磁界を検出する装置である.極低温でのジョセフソン効果という超電導現象が用いられる.一番小さな磁束の量である約 10^{-15} Wb の磁束量子という大きさの磁束が外部から加わる毎に超電導状態が壊れてリセットされる,非常に弱い結合のジョセフソン接合という部分を持った超電導リングによってできている.この磁束量子毎の磁束の変化を検出することによって,人間の心臓や脳から発生している $10^{-10} \sim 10^{-14}$ T という超微弱な磁束密度の磁気を観測できる.1 個のジョセフソン接合を持った超電導リングで,交流で動作させ

る rf SQUID と 2 個のジョセフソン接合の超電導リングで，直流電流で動作させる dc SQUID がある．最初は rf SQUID が広まったが，最近はより高感度が期待される dc SQUID が普及している．取り扱い上，測定環境の磁気シールドが重要なポイントである．

■**11.3** リング状の磁気材料に 1 対のコイルを巻いて，一次側コイルに電流を流し，その電源とコイルの中間に既知の抵抗を挿入して，その端子間電圧をオシロスコープの X 軸に接続する．これはリング状磁気材料の磁界の強さ H は供給電流に比例し，かつその電流は既知抵抗を介して電圧に比例するゆえ，オシロスコープの横軸は磁界の強さ H を表すことになる．二次側コイルにリングを介して得られる電圧は磁束の時間微分に比例する．ゆえに，この電圧を積分すると磁束，すなわち断面積一定の場合の磁束密度 B に比例することになる．積分された電圧をオシロスコープの Y 軸に接続する．この縦軸上の値は結局，磁束密度 B を表していることになる．このことによって，交流電源より磁気材料のリングに電流を供給することにより，オシロスコープの画面に，横軸に磁界の強さ H，縦軸に磁束密度 B に該当するヒステリシスカーブが描かれることになる．

■**11.4** (11.2) 式のヒステリシス損の $P_\mathrm{h} = k_\mathrm{h} f B^{1.6}$ および，(11.3) 式の渦電流損の $P_\mathrm{c} = k_\mathrm{c}(fB)^2$ を利用して，2 つの分離を考える．すなわち，

$$\text{鉄損：} \quad P = P_\mathrm{c} + P_\mathrm{h} = k_\mathrm{c}(fB)^2 + k_\mathrm{h} f B^{1.6} = \alpha f^2 + \beta f$$

この式から，2 種類の周波数 f_1, f_2 で測定すると，上式は，

$$P_1 = \alpha f_1^2 + \beta f_1, \qquad P_2 = \alpha f_2^2 + \beta f_2$$

この 2 式から，それぞれの係数 α, β を求めると，

$$\alpha = \frac{f_2 P_1 - f_1 P_2}{f_1 f_2 (f_1 - f_2)}, \qquad \beta = \frac{f_1^2 P_2 - f_2^2 P_1}{f_1 f_2 (f_1 - f_2)}$$

この α, β を用いれば，渦電流損 P_c は $P_\mathrm{c} = \alpha f^2$，ヒステリシス損 P_h は $P_\mathrm{h} = \beta f$ で，分離して求めることが可能であろう．

12章

■**12.1** アナログオシロスコープは文字通り，アナログ入力情報をそのまま，ブラウン管を通して表現する．ブラウン管は単なる表示装置ではなく，情報表現のツールとして不可欠である．なぜなら，ブラウン管内部の電子の走路が偏向電極板を介して入力情報制御部を含んでいるからである．リアルタイムで情報を表現するという意味で理解しやすい測定器である．表示部の高輝度も魅力的である．短所は単発性の信号表現や超低周波の波形表示が困難なことである．もちろん記憶能力に欠ける．一方，ディジタルオシロスコープはアナログ入力情報を A/D 変換でとにかくディジタル情報に変えるという最大の特長がある．ディジタル情報になった途端，その情報は記憶

され，その結果，様々な機能を発揮することになる．表示装置の液晶ディスプレイはブラウン管のような重要な役割は持っていない．圧倒的な優位性でアナログオシロスコープを凌駕したが，情報が離散的であるというディジタルの持つ宿命的な課題は常に残る．しかし，それを致命的と思う者は今や少ない．

■**12.2** 液晶という特殊な素材を用いて入力信号に応じた光の明暗を作り，情報の視覚化を実現する装置であり，さらに，光の三原色フィルタを取り入れることによってカラー化も確立した．基本的には液晶テレビのモニタと同じ原理であるが，オシロスコープという目的に対応して，単純な機能に特化している．有機 EL と違い，液晶はバックライトが必要であることがひとつの難点である．そのため，透明電極という構造的に不可欠な難題も抱えている．輝度ではブラウン管にかなわない．しかし，液晶を挟んだ透明電極間の入力情報に応じた印加電圧で液晶の配向が変わり，光の透過度が変わって，明暗を作る機能はユニークである．

■**12.3** 基本的に周期性を持った繰返し波形の信号である条件があるが，サンプリングトリガの位置を少しずつずらしていくことによって，信号の1周期のサンプリング回数分の繰返し波形のサンプリングデータの集積によって元の信号波形を再現することになるという点で超高速信号の波形観測に欠かせない技術である．

■**12.4** ペンレコーダの最盛期は確かに過ぎたといえる．最近はディジタルオシロスコープのみならず，各種ディジタル波形測定器が出現している．これらはモニタ上に様々な形態の蓄積した情報を表示することができ，ペンレコーダがそのような目的としてはもはや役割を終えているのかもしれない．ただ，ペンレコーダの魅力はロール状の記録紙に延々と記録された情報の時間変化を巻物を開くように，一瞬に数メートル分を一読できるなどの，モニタ上ではできない特長を有している．人間というアナログ情報認識者にとって，新聞を大きく開いて，ザーと全体を見る形態はモニタ上では制約される．今後はある種特殊な分野での限られた使われ方になるかもしれないが，現在の紙による書籍が電子書籍に完全に置き換わる時代までは生き延びるのではないだろうか．

13章

■**13.1** まず，電磁気的な要因である．電磁気的雑音は外部のみならず，測定器内部にも潜んでいる．次に，機械的な要因である．機械的振動は除振という方法で取り除く努力をするが意外と厄介である．単発的な機械的な変動は折角の測定を途中で台無しにする危険性を有している．3番目に温度変動や高湿度などの測定室内環境である．とにかく，温度変化は全ての測定に大きくかかわっている．ほとんどの電子部品は温度特性を有しているので，測定時間中の温度変化は測定結果の不確かさに大きな影響を与えている．高湿度は絶縁抵抗にかかわり，同じく測定結果に影響する．

■ **13.2** 増幅器の内部雑音 n は
$$n = N_2 - GN_1 \tag{1}$$
また，雑音指数 F は
$$F = \frac{N_2}{GN_1} \tag{2}$$
(2) 式より，
$$N_2 = N_1 FG \tag{3}$$
(3) 式を (1) 式に代入すると，$n = N_1 FG - GN_1$．よって，利得 G は，
$$G = \frac{n}{N_1(F-1)} \tag{4}$$
(4) 式にこの問題に与えられた数値をそれぞれ代入すると，
$$G = \frac{140.8 \times 10^{-3}}{0.2 \times 10^{-3} \times (3.2-1)} = \frac{140.8}{0.2 \times 2.2}$$
$$= 320$$
よって，利得 G は 320 である．

■ **13.3** 電磁気的雑音の内容に応じて，3 種類のシールド法が考えられている．まず，静電界や低周波電界の雑音の場合は静電シールドが効果的である．これは一番身近なシールドで，金属板で測定装置を覆い，その一点をアースに落とすということである．次に，高周波の電界雑音の場合である．これには電磁シールドが有効で，これも金属板で覆うことでシールド効果がある．特にアースに落とす必要はないが，上述の静電シールドと共用することがほとんどゆえ，アースに落として共用する．最も厄介な電磁波雑音が静磁界や低周波磁界雑音である．これは主に精密な磁気計測とそれに絡む電気計測で関係してくる．このためには磁気シールドが要求されるが，それは強磁性体のできるだけ肉厚の金属板で覆うことが望ましく，他のシールドと比較して著しく高価となることを覚悟しなければならない．

■ **13.4** 測定装置や測定システムのアースの取り方が不十分であったり，シールドが不完全のときに，人間が近づくと，測定器や測定ケーブルと人間の間の浮遊容量が変化して，その値の変化が測定系の状況を乱すために測定が不安定になる．まず，測定装置のアースやシールドをしっかり取ること．一点アースの原則も忘れないように．手作りで十分であるが，大きな金属箱で測定装置全体をしっかり包んでしまうのもよい方法である．これは空気の動きなどを防ぎ，測定環境の温度を安定にする上でも有効である．とにかく，人間は発熱していて，ひとり 300 W 位の熱量があるといわれている．狭い測定室の場合は要注意である．とにかく，人間の動きによる浮遊容量の変化は測定上，十分気をつける必要がある．

参考文献

[1] 西野治,「入門電気計測」実教出版, 1971
[2] 菅野允,「改訂電磁気計測」コロナ社, 1991
[3] 大浦宣徳, 関根松夫,「電気・電子計測」昭晃堂, 1992
[4] 阿部武雄, 村山実,「電気・電子計測 第 2 版」森北出版, 1994
[5] 岩崎俊,「電磁気計測」コロナ社, 2002
[6] 廣瀬明,「電気電子計測」数理工学社, 2003

索　　引

あ行

アース電流　135
あいまいさ　14
アドミタンス　88
アナログ　44
アナログ計測　44
アナログ電子計測器　39
アナログ–ディジタル（A/D）変換　45
安全　9

位相差　98
一点アース　135
インダクタンス　88
インピーダンス　88

渦電流損　116

液晶ディスプレイ　124
エプスタイン装置　117
演算増幅器　39

オシロスコープ　120
オフセット　72
温度変化　136

か行

ガードリング形高抵抗測定法　81
外部雑音　130
科学　9
拡張不確かさ　19
確度　16
かたより　16
可動コイル形指示計器　36
可動鉄片形指示計器　36
ガルバノメータ　34
カロリーメータ電力計　106
環境　9

機械的振動　135
基本単位　26
キャパシタンス　88
強磁性体　114

偶然誤差　16
矩形分布　19
組立単位　26
クランプ　69
クランプ式電力計　103
クロスキャパシタ　29

計器用変圧器　67
計装　2
計測　2

索　引

ケイ素鋼板　116
系統誤差　16
経年変化　29
計量　2
ケルビンダブルブリッジ　85
原器　24
検電器　34

コイル　90
合成標準不確かさ　19
交流抵抗　89
交流電力　98
交流ブリッジ　94
交流–直流比較　59
国際度量衡委員会　18
国際度量衡局　26
国際度量衡総会　26
誤差　16
五端子測定法　92
国家標準　31
コンダクタンス　88
コンデンサ　90
コンデンサ分圧器　66

さ　行

サーボモータ　127
最確値　20
最小2乗法　20
さぐりコイル　111
雑音指数　132
差動増幅回路　72
産業　9
三相交流電力　104
三相電力　99

三端子測定法　92
サンプリング　46
サンプリングオシロスコープ　120
残留磁束密度　114

シールド線　92
磁界の強さ　110
磁化曲線　114
磁気シールド　134
磁気変調器　111
磁区　114
指示計器　35
磁束　110
磁束密度　110
磁束量子　113
実験標準偏差　14
実時間サンプリング　124
自動平衡式　127
シャント　68
ジュール熱　116
商取引　9
消費電力　98
商用周波数　102
ジョセフソン効果　30
ジョセフソン接合　30
ジョセフソン定数　30
ジョセフソン電圧標準　30
ショット雑音　130
真空熱電対　75
真空の透磁率　28, 110
真値　16

スクイド　113
スタインメッツの式　116

索　引

スペクトルアナライザ　126

正確さ　16
正規分布　14
整合性　29
静電気　34
静電シールド　134
精度　16
精密さ　16
整流形指示計器　38
接触電位差　72
絶対測定　29
接地　84
接地抵抗　84
接頭語　26
零位法　6
零検出器　4
線間電圧　104

相電圧　104
測定　2
測定データ　14
測定の質　12
測定の平均　14
測量　2

た 行

タイプA（評価法）　18
タイプB（評価法）　18
多相電力　99
単位　24
単相交流電力　102

置換法　6

チップ抵抗　91
超高感度磁気検出器　113
超電導体　30
超電導リング　113
直流電力　98
チョッパ形増幅回路　72

ツェナー標準電圧発生器　31

抵抗　29
抵抗分圧器　66
抵抗分流器　68
抵抗率　78
ディジタル　44
ディジタルオシロスコープ　120
ディジタル計測　44
ディジタル電力計　102
ディジタルマルチメータ　45
ディジタル–アナログ（D/A）変換　45
デシベル　132
鉄損　116
電圧　29
電圧天びん　29
電位差計　75
電界効果トランジスタ　40
電気電子計測　3
電気標準　29
電磁気的雑音　135
電磁シールド　134
電子式電力量計　107
電磁誘導　34
電流天びん　29
電流の単位　28

索　引

電流力計形指示計器　36
電力量　107

等価時間サンプリング　124
同期整流回路　72
同軸シールド線　135
銅損　116
透明電極　125
ドットマトリックス　125
トランス　67
ドリフト　72
度量衡　24
トレーサビリティ　31

な 行

ナイキストのサンプリング定理　46
内部雑音　130

熱起電力　72
熱雑音　130
熱電形指示計器　38

ノッチフィルタ　134

は 行

バイファイラー巻き　135
白色雑音　131
バックライト　125
ハム　134
ばらつき　16
パワースペクトル　126
バンドパスフィルタ　134

比較　4

微小電圧測定　72
ヒステリシスカーブ　114
ヒステリシス損　116
皮相電力　98
標準　24
標準維持器　31
標準器　24
標準抵抗器　29
標準電池　29
標準偏差　14
標本　14
標本化　46
標本標準偏差　14

フォン・クリッツィング定数　30
符号化　46
不確かさ　18
浮遊容量　92
ブラウン管　121
フラックスゲート磁力計　111
フリッカ雑音　130
プリトリガ機能　124
プローブ　122
ブロンデルの定理　104
分圧器　38
分散　14
分流器　38

偏位法　6
偏光フィルタ　125
変流器　70
ペンレコーダ　120

ホイートストンブリッジ　34

索　引

包含係数　19
ホール効果　111
ホール電圧　112
母集団　14
補償法　6
保持力　114
母標準偏差　14
母平均　14
ボルツマン定数　131
ボロメータ電力計　106
ホワイトノイズ　131

ま　行

マイクロ波の電力測定　106
マクスウェルブリッジ　94
マンガニン巻線標準抵抗器　31

無効電力　98

や　行

有効電力　99
誘導形電力量計　107

四端子対測定法　92
四端子抵抗測定法　82

ら　行

ライデンびん　34

リアクタンス　88
リーク電流　80
力学量　26
力率　98

量子化　46
量子化誤差　47
量子化雑音　47
量子標準　24
量子ホール効果　30
量子ホール抵抗　30
量子ホール抵抗標準　30

ローレンツ力　112
ロックイン増幅回路　72

欧　字

accuracy　16

B-H 曲線　114

dc SQUID　113

LCR メータ　90

MKS 単位系　26

precision　16

rf SQUID　113

SI（国際単位系）　24, 26
SN 比　132
SQUID　113

XY プロッタ　127
XY レコーダ　127

$1/f$ 雑音　130

著者略歴

信太 克規
(しだ かつのり)

1970年　東北大学大学院工学研究科電子工学専攻修士課程 修了
　　　　通商産業省工業技術院電気試験所標準器部電気標準研究室
　　　　研究員
　　　　（電子技術総合研究所前身，現 産業技術総合研究所）
1987年　電子技術総合研究所標準計測部電気標準研究室 研究室長
1990年　佐賀大学理工学部電気工学科 教授
2009年　定年退職
現　在　佐賀大学 名誉教授　工学博士

電気・電子工学ライブラリ＝UKE-A4
基礎電気電子計測

2012年8月10日Ⓒ	初版発行
2020年3月10日	初版第3刷発行

著者　信太 克規　　　　発行者　矢沢和俊
　　　　　　　　　　　　印刷者　小宮山恒敏

【発行】　　　　　　　株式会社　数理工学社
〒151-0051　東京都渋谷区千駄ヶ谷1丁目3番25号
☎ (03) 5474-8661 (代)　　サイエンスビル

【発売】　　　　　　　株式会社　サイエンス社
〒151-0051　東京都渋谷区千駄ヶ谷1丁目3番25号
営業☎ (03) 5474-8500 (代)　振替 00170-7-2387
FAX☎ (03) 5474-8900

印刷・製本　小宮山印刷工業（株）

≪検印省略≫

本書の内容を無断で複写複製することは，著作者および
出版者の権利を侵害することがありますので，その場合
にはあらかじめ小社あて許諾をお求め下さい。

ISBN978-4-901683-89-0
PRINTED IN JAPAN

サイエンス社・数理工学社の
ホームページのご案内
http://www.saiensu.co.jp
ご意見・ご要望は
suuri@saiensu.co.jp まで．

═══ 電気・電子工学ライブラリ ═══

電気電子基礎数学
　　　　川口・松瀬共著　　2色刷・A5・並製・本体2400円

電気磁気学の基礎
　　　　湯本雅恵著　　2色刷・A5・並製・本体1900円

電気回路
　　　　大橋俊介著　　2色刷・A5・並製・本体2200円

基礎電気電子計測
　　　　信太克規著　　2色刷・A5・並製・本体1850円

応用電気電子計測
　　　　信太克規著　　2色刷・A5・並製・本体2000円

ディジタル電子回路
　　　　木村誠聡著　　2色刷・A5・並製・本体1900円

ハードウェア記述言語による
ディジタル回路設計の基礎
VHDLによる回路設計
　　　　木村誠聡著　　2色刷・A5・並製・本体1950円

　　＊表示価格は全て税抜きです．

═══ 発行・数理工学社／発売・サイエンス社 ═══

━━━ 電気・電子工学ライブラリ ━━━

電気電子材料工学
　　　西川宏之著　　２色刷・Ａ５・並製・本体2200円

光工学入門
　　　森木一紀著　　２色刷・Ａ５・並製・本体2200円

高電界工学
高電圧の基礎
　　　　　工藤勝利著　　２色刷・Ａ５・並製・本体1950円

無線とネットワークの基礎
岡野・宇谷・林共著　　２色刷・Ａ５・並製・本体1800円

基礎電磁波工学
　　　小塚・村野共著　　２色刷・Ａ５・並製・本体1900円

環境とエネルギー
枯渇性エネルギーから再生可能エネルギーへ
　　　　　西方正司著　　２色刷・Ａ５・並製・本体1500円

電力発生工学
　　　　　　　加藤・中野・西江・桑江共著
　　　　２色刷・Ａ５・並製・本体2400円

　＊表示価格は全て税抜きです．

━━━ 発行・数理工学社／発売・サイエンス社 ━━━

━━━ 電気・電子工学ライブラリ ━━━

電力システム工学の基礎
　　　加藤・田岡共著　　2色刷・A5・並製・本体1550円

基礎制御工学
　　　松瀬貢規著　　2色刷・A5・並製・本体2600円

電気機器学
　　　三木・下村共著　　2色刷・A5・並製・本体2200円

演習と応用 電気磁気学
　　　湯本・澤野共著　　2色刷・A5・並製・本体2100円

演習と応用 電気回路
　　　大橋俊介著　　2色刷・A5・並製・本体2000円

演習と応用 基礎制御工学
　　　松瀬貢規著　　2色刷・A5・並製・本体2550円

　　　＊表示価格は全て税抜きです．
━━━ 発行・数理工学社／発売・サイエンス社 ━━━